Pré-textes

YVES COPPENS

Pré-textes

L'homme préhistorique en morceaux

Odile Jacob

15, RUE SOUFFLOT, 75005 PARIS

www.odilejacob.fr

ISBN : 978-2-7381-2645-0

Ce livre est dédié à Martine et à Quentin,
les hominidés qui me sont le plus chers.

Et à la mémoire de Frédéric Serre,
passionné par la préhistoire
et par sa diffusion.

Préface

J'ai toujours beaucoup aimé écrire et me régalais au collège et puis au lycée – c'était à Vannes dans les années 1940 – des rédactions et dissertations que nous infligeaient nos professeurs de français (et latin). L'un s'appelait Le Guello et nous l'appelions évidemment « Le gueule haut », ce qui n'était pas faux ! Sa spécialité était de mettre des notes en dessous de zéro ! Un autre se nommait Cogny, Pierre Cogny, et je lui dois, je crois, un « éclatement » de mes réflexions ; j'ai en tout cas ressenti ainsi mon année à son écoute. Pierre Cogny aimait bien mon « écriture » et il avait souhaité que je m'oriente vers quelques « travaux » de littérature ; comme je me passionnais depuis longtemps déjà pour la préhistoire et les sciences apparentées, la paléontologie, la géologie, l'archéologie, ce qu'il savait bien, il m'avait proposé un essai sur Gustave Flaubert et tout particulièrement sur *Bouvard et Pécuchet*, des scènes de ce roman se passant sur les plages de Normandie à la recherche des invertébrés fossiles que les falaises de calcaire secondaire laissent volontiers échapper.

Mais je nageais déjà dans le chaudron des sciences et c'était plutôt vers la rédaction d'articles de mes disciplines préférées que s'orientaient mes pages ; elles n'étaient donc pas inspirées, mais censées décrire des choses bien concrètes et tenter de les interpréter. La structure de la communication scientifique n'en est évidemment pas moins intéressante et j'en ai toujours aimé le déroulé logique, la nécessaire concision et la clarté de la démonstration faite pour convaincre.

Et puis, le temps passant, un beau jour dans ma carrière est venu l'âge des préfaces, l'âge des leçons inaugurales, des discours, des allocutions, en d'autres termes l'âge des textes courts, maniant synthèse et anecdotes, éloge et humour, fond solide et forme légère, un exercice, ou plutôt des exercices, qui m'ont, je dois dire, bien plu. Je n'en ai jamais sollicité aucun, mais l'un a entraîné l'autre et j'ai dû, parfois, en freiner le flot tant la demande s'était faite (et continue de se faire) généreuse.

Après *Pré-ambules. Les premiers pas de l'homme*, publié chez Odile Jacob en 1988, repris en 1999 puis en 2009 – mes livres ont la vie dure ! –, voici donc *Pré-textes. L'homme préhistorique en morceaux*, bien sûr chez le même éditeur. Il ne s'agit pas d'une simple « compil » : ces « morceaux » ont été soigneusement triés et organisés en thèmes se rapportant aux hommes fossiles que j'ai toujours fréquentés, souvent cherchés, parfois trouvés et aux produits artisanaux ou artistiques (ou les deux) de leur esprit ; c'est un vrai livre de paléoanthropologie et de préhistoire qui fait le tour des sujets servis par ces disciplines. En dehors des faits évoqués en permanence et illustrés souvent, je souhaiterais en effet que le lecteur, et notamment le jeune lecteur, trouve dans ces textes la passion de la recherche, l'éclat de ses résultats et l'élégance de ses démonstrations, en d'autres termes l'esprit scientifique tel qu'il m'a séduit, tel que je l'ai vécu et continue, bien sûr, de le vivre.

Sous le titre partagé de *L'homme préhistorique*, le livre se divise en cinq grands chapitres, *ses disciplines*, *son entrée en scène*, *son corps*, *son esprit*, *ses peuplements*, précédés d'un texte d'ouverture et suivis d'un texte de fermeture.

Que soit remerciée affectueusement Odile Jacob, généreuse et fidèle (mais c'est réciproque...) ; merci à ses collaborateurs et collaboratrices, Marie-Lorraine Colas, Marine Le Guen, Jeanne Pérou, Dominique Renoux, et merci aux miens, Sacha Gepner, Monique Tersis, Fabrice Déméter. Et merci à tous les auteurs, institutions, éditeurs qui m'ont donné beaucoup de bonheur et d'honneur en me demandant de pré- ou postfacer leurs ouvrages, pré-textes à l'origine de ce livre et prétexte pour l'écrire.

Ouverture

L'HOMME PRÉHISTORIQUE : RÉALITÉ, MYTHE, MODE

Ce livre représente les actes d'un des quatre colloques célébrant en cet automne 1998 l'ouverture de nouvelles salles au Collège de France.

Le bâtiment principal actuel du collège place Marcelin-Berthelot, celui dans lequel nous sommes et qui est dû à l'architecte Chalgrin, date de la fin du XVIIIe siècle. Ses salles vieilles de plus de deux cents ans n'étaient plus adaptées ni à l'accroissement de leur public ni aux méthodes nouvelles de l'enseignement qui y était dispensé. Depuis plusieurs années, administrateurs et professeurs envisageaient la transformation de ces locaux ; c'est donc chose faite et c'est la raison de ce rendez-vous dans ce superbe amphithéâtre de plus de quatre cents sièges auquel nous avons galamment donné le nom de la sœur très cultivée du roi de France, François Ier. On dit qu'avec Guillaume Budé, Marguerite de Navarre a en effet été l'inspiratrice du roi dans sa décision de créer les lecteurs royaux, libres dans leur pensée et dans leur enseignement, à l'origine du Collège royal de France.

J'ai appelé ce colloque « Origine de l'homme » parce que c'est désormais cette expression qui recouvre toute recherche concernant l'histoire de l'homme, l'origine de son rameau, sa filiation, son évolution et celle de ses cultures. Mais j'ai souhaité accompagner ce titre, puissant et banal à la fois, d'un sous-titre en forme de triptyque : « Réalité, mythe, mode » afin de mieux cerner le propos du colloque et, par suite, son contenu.

Pourquoi réalité ?

Parce que j'ai pensé qu'il fallait commencer par installer solennellement la paléoanthropologie dans la place scientifique qui lui revenait. C'est un hommage à la rigueur de la science. Aux questions fondamentales de tout un chacun : Qui est-on ? D'où vient-on ? Où va-t-on ? La science répond que l'histoire de l'homme fait partie de l'histoire de la vie, que l'histoire de la vie fait partie de l'histoire de la Terre, que l'histoire de la Terre fait partie de l'histoire de l'Univers. Elle répond qu'elle est aujourd'hui en mesure de nous raconter l'histoire des 15 derniers milliards d'années[1], celle d'une matière qui ne cesse de se compliquer et de s'organiser et qui, d'inerte, s'est faite

1. 13,7 milliards d'années est la date désormais retenue.

vivante et, de vivante, pensante. Les orateurs choisis parleront de ce parcours extravagant, de la Terre d'abord, le support de l'histoire, du passage de l'inerte au vivant, de l'étonnante inventivité du vivant, du passage du vivant au pensant et de la bien étrange spécificité du pensant.

Pourquoi mythe ?

Parce que tous les hommes depuis qu'ils savent qu'ils savent, depuis 3 millions d'années donc, se posent ou se sont posé les mêmes trois questions ; toutes les cultures, que les 100 milliards d'hommes qui existent ou ont existé ont ainsi créées, ont tenté de répondre, par des mythes d'origine posant la nature, l'origine et la destinée de l'homme, à l'angoisse existentielle inhérente à la nature pensante.

Des ethnologues de grande érudition nous parleront de certaines de ces explications, de certaines de ces cultures. Mais il convient de garder à l'esprit que le discours scientifique lorsqu'il raconte l'origine ne représente au fond qu'une autre explication, moins éloignée du mythe qu'elle ne le voudrait. Il convient aussi de prendre conscience qu'au sein de cette explication-ci, dite objective, bien des ornières se sont creusées et des mythes constitués, alors que la réalité scientifique s'en était dégagée depuis longtemps.

Bien des journaux de science abritent encore de longs débats sur l'existence ou non de langage articulé chez Neandertal, sur le statut d'ancêtre ou non de l'humanité de Lucy ; bien des journaux d'information scientifique, même les meilleurs et les plus savants, déclarent à chaque nouvelle découverte sans exception que tout est « bouleversé » (c'est le mot consacré) dans la compréhension de la généalogie de l'homme et que le chaînon manquant, fameux entre tous, ne manque plus ! Plusieurs collègues seniors nous parleront de cet aspect bien relatif de la science.

Pourquoi mode ?

Comme ces questions nous concernent et nous tracassent, elles ont, de tout temps, intéressé tous les publics. Il n'est que de relire le développement des querelles autour des ouvrages de Darwin au XIXe siècle, les conflits sur la nature de l'homme de La Chapelle-aux-Saints, Neandertal de Corrèze, au début du XXe, l'enthousiasme de Rockefeller à l'annonce de la découverte d'hommes fossiles en Chine dans les années 1920 et 1930, celui du *National Geographic* à l'annonce de la mise au jour d'hominidés en Tanzanie dans les années 1950 et 1960. Il s'agit donc plutôt d'une antimode.

Mais les inquiétudes des publics, dépassés par la vitesse des applications des sciences, ne faisant que croître tandis que se développent les médias, leur diversité, leur puissance de diffusion et d'écoute, de vraies modes cette fois se sont développées, ont grandi et ont grossi. Des scientifiques s'exprimeront sur ce phénomène et des journalistes, bien sûr, aussi.

Lorsque j'ai cherché, pour cette célébration, un propos qui honore l'Institution et reflète en même temps le travail de mon équipe, j'ai pensé à cet élargissement de notre activité habituelle tant sur le terrain qu'en laboratoire, et à son ouverture sur une certaine relativité. Après tout, notre réalité n'en est qu'une. Et malgré cet effort d'humilité, j'avais naïvement distribué les interventions en trois tranches étanches : la réalité le vendredi 4 décembre, les mythes le samedi 5, les modes le dimanche 6. Or, dès la mise en place des communications, ce découpage, beaucoup trop scientifiquement pensé, s'est révélé illusoire ; il y avait de la réalité dans les mythes et dans la mode, plein de mythes dans les modes et bien plus qu'on n'en attendait dans la réalité ; quant à la mode, elle s'appliquait aussi bien à la pensée, à la conception de la vérité, qu'à la construction des mythes. Alors j'ai assoupli les passages et tenté tout de même un glissement d'un propos à l'autre.

Après trois jours de brillants exposés, la leçon était encore plus magistrale ; même les passages ne se voyaient plus ! Le lecteur la tirera de lui-même de ce livre original qui parle certes de l'origine de l'homme, mais a su la colorier, sans jugements de valeur, de bien des teintes et de bien des nuances...

Source

« Introduction », *Origine de l'homme. Réalité, mythe, mode*, colloque organisé sous la direction d'Yves Coppens vendredi 4, samedi 5 et dimanche 6 décembre 1998, Collège de France ; Paris, Éditions Artcom', 2001[1].

1. Les Éditions Artcom' ont été fondées et étaient dirigées par Frédéric Serre.

1.

L'HOMME PRÉHISTORIQUE, SES DISCIPLINES

L'homme préhistorique est un fossile et la science des fossiles s'appelle la paléontologie.

Comme la paléontologie couvre un champ immense – l'étude de toutes les espèces qui ont vécu (mais qui sont aujourd'hui éteintes) depuis les premières –, cette discipline, que l'on appelle aussi parfois pour cela « paléobiologie », s'est subdivisée en mille spécialités : paléontologie animale, paléontologie végétale, paléomammologie, paléoprimatologie, etc., et, bien sûr, paléontologie humaine, que l'on a rajeunie en paléoanthropologie, quand il s'agit de systématique, et en paléogénétique, paléohistologie, paléohématologie, paléoimmunologie, paléopathologie, paléobiogéochimie, quand il s'agit de biologie, disciplines qui viennent ensuite se ranger dans les cases de la systématique.

L'anthropologie, étudiant de son côté l'homme, les hommes préhistoriques se sont retrouvés souvent aussi sous la coupe de cette discipline ; mais les confusions étant fréquentes avec l'anthropologie culturelle ou l'anthropologie sociale (l'ethnologie, par exemple), cette anthropologie qui concerne l'anatomie a alors parfois bénéficié d'un adjectif : anthropologie physique, anthropologie biologique, anthropologie préhistorique.

Comme, par ailleurs, depuis qu'il est homme, l'homme préhistorique a, comme l'on sait, inventé la culture – est culture tout ce qui n'est pas nature –, les témoignages de celle-ci tombent, cette fois, sous la dépendance de la science que l'on nomme « préhistoire » ou « archéologie » ou « palethnologie ». La « paléoanthropologie » (plus américaine) comme d'ailleurs l'« anthropologie préhistorique » (plus désuète) sont censées recouvrir les deux facettes de ces études : celle de l'homme lui-même et celle de ses comportements, de son habitat, des produits de son art et de son artisanat, etc. Mais ces appellations dépendent aussi des enseignements reçus et les enseignements, des traditions culturelles des enseignants. C'est la raison pour laquelle, au moment de la quitter, j'ai proposé d'appeler « anthropologie biologique » la première chaire dont j'ai été titulaire et qui s'appelait alors tout simplement « anthropologie » (c'était au Muséum national d'histoire naturelle de Paris) et c'est aussi la raison pour laquelle j'ai appelé « paléoanthropologie et préhistoire » la chaire que l'on m'a offerte au Collège de France, pour garder, dans son nom, la tradition française du second terme au risque de dire, pour certains, deux fois la même chose.

Les fossiles se trouvant dans le sol et le sous-sol, il faut évidemment commencer par aller les chercher. Et, avant de faire de la paléontologie – le contenu –, il convient d'étudier le contenant, en d'autres termes de faire de la géologie, de la stratigraphie, de la tectonique, de la sédimentologie, etc. Quant au contenu, il nous permettra d'exercer les métiers que l'on vient de décrire, paléontologue, préhistorien, et d'interpréter cette fois les analyses de contenant et contenu réunis en termes de paléoenvironnement, paléoécologie, paléoclimatologie, paléogéographie, etc. Si les terrains sont fossilifères, on fera en outre de la taphonomie pour interpréter la répartition des fossiles en termes de compréhension de l'histoire du dépôt ; s'il s'agit d'habitat humain, on fera de la palethnologie pour interpréter la répartition des restes en termes de compréhension du fonctionnement de l'« établissement » et, donc, de comportement de ses habitants.

Beaucoup d'autres disciplines viennent évidemment s'allier à celles de base que nous venons de présenter en fonction de leur offre et de nos besoins (celles qui concernent les datations, par exemple). Mais cette petite introduction souhaitait ouvrir à quelques textes des grands domaines de l'étude de l'homme préhistorique et n'avait pas vocation à établir un inventaire de toutes les disciplines qui, de près ou de loin, s'y rapportent ou s'y sont rapportées.

* *
*

La paléobiologie

Cette histoire que Sacha Broussine a décidé de nous raconter [...] est, de très loin, la plus belle de toutes les histoires puisque c'est la nôtre, celle de notre Univers, celle de notre planète, celle de la vie dont nous faisons partie ; on ne peut pour le moment la raconter que depuis 15 milliards d'années – ce qui n'est quand même pas si mal –, depuis une grande explosion dont on capte encore les éclats et le bruit. Et, depuis ce gros boum, toute l'histoire se déroule dans le sens de l'expansion – que l'on pouvait attendre – mais aussi dans celui de l'organisation et de la complication, l'organisation la plus élaborée, la complication la plus grande étant en même temps les plus rares, nous disent les astrophysiciens.

Il est amusant de penser naïvement, avant d'aller plus loin, au temps d'avant le gros boum, s'il fut, comme d'ailleurs à celui d'après l'expansion, s'il doit venir, et aux autres mondes qui peuplent peut-être d'autres espaces, s'il y a de ces derniers pour contenir ces premiers...

Des molécules s'empilent, s'entourent, se divisent et s'animent bientôt à la surface mouillée d'une planète d'une galaxie en expansion comme les autres et voilà la vie qui va se répandre, s'organiser, se compliquer à son tour. Une superbe gerbe de formes vivantes que lie une indéniable parenté se déploie sur la Terre entière au fil de 4 milliards d'années, produisant, au terme d'un de ses rameaux, l'homme, le premier être à tenter de réunir les éléments épars pour raconter l'histoire.

Il est aussi amusant de penser à ce à quoi auraient pu ressembler les animaux et les plantes d'aujourd'hui si la vie, contrainte par le carcan de son génome mais ne disposant pas moins d'une belle marge de manœuvre, n'avait pas choisi à chaque carrefour ce qu'elle a choisi... Nous ne serions pas ; mais d'autres gens, d'allure forcément étrange, réfléchiraient peut-être à notre place...

L'homme a inventé l'outil, la culture, la technologie ; il va bientôt partir coloniser les autres planètes de son étoile et puis d'autres planètes d'autres étoiles, à la rencontre d'autres mondes et peut-être d'autres vies. Mais, après tout, ce phénomène terrestre ne présenterait-il pas le degré d'élaboration et de complication qui suffirait à en faire un phénomène rare, je veux dire unique ?

Entrez vite dans le livre de Sacha Broussine. L'Univers, sa Voie lactée et son étoile solaire, la vie et son incroyable fantaisie, l'homme et sa perpétuelle bougeotte nous y attendent tout au long de ces pages et de leurs illustrations originales ; vous y verrez que la réalité dépasse partout et de très loin la fiction la plus folle.

La paléontologie

L'astronomie, la géologie, la paléontologie, la préhistoire sont au moins en partie des disciplines historiques. Et comme on ne peut remonter le temps autrement que par la science et l'imagination, ces disciplines font rêver. Comme, en outre, l'histoire de l'homme fait partie de l'histoire de la vie qui fait partie de l'histoire de la Terre qui fait naturellement partie de l'histoire de l'Univers, ces disciplines racontent une histoire continue d'une quinzaine de milliards d'années, qui n'est ni plus ni moins que la nôtre ; l'histoire d'une matière inerte qui se complique, s'organise et devient, dans l'eau, sur la Terre il y a 4 milliards d'années, en partie vivante ; matière vivante qui se complique, s'organise et devient, sur la même Terre il y a 3 millions d'années, en partie pensante ! C'est quand même la plus belle mais la plus cocasse des histoires du monde !

Neil Shubin est paléontologue, c'est donc un de ces historiens de la vie, un historien qui a su conduire avec succès, sur le terrain, une bien belle aventure scientifique puisqu'il a découvert le premier fossile conquérant des continents, qui a osé mettre le nez « dehors », après 3,5 milliards d'années dans l'eau. C'est une bien réelle aventure tout court, puisque c'est sous les latitudes peu confortables des terres arctiques d'Ellesmere qu'il est allé le chercher – et le fossile était au rendez-vous. Comme Neil Shubin est aussi un merveilleux conteur, il parvient avec élégance, en trois tableaux dirait-on au théâtre, à faire ressentir tout cela, la beauté et la rigueur des toundras et des climats qui leur vont bien ; à faire saisir l'évidence et la magie de l'évolution et de ses broderies adaptatives ; à faire mesurer la réalité et l'ampleur, au fil du temps, des changements topographiques et environnementaux.

Je me suis bien sûr reconnu dans les exercices successifs de ce métier qui est le mien, prospection, découvertes et fouilles des sites, collecte et dégagement des fossiles de leur gangue, émerveillement devant les caractères anatomiques qui nous arrivent du temps et qui nous racontent, si on sait les lire, ce que l'on attend – un peu – et plein d'autres choses qu'on n'attend pas et puis intégration des données nouvelles dans la fresque déjà somptueuse de l'histoire générale de notre monde. Bien que connaissant donc – et pour cause – toutes ces étapes par cœur, je n'en ai pas moins lu avec gourmandise ce livre extraordinaire et généreux de Neil Shubin et envié la clarté de son style, reflet évident de celle de son esprit, habité d'une belle logique déductive, celle des grands scientifiques.

Merci, Neil, d'avoir pris ce temps d'écrire. Les paléontologues et, j'en suis sûr, tous les lecteurs, t'en seront reconnaissants.

La paléoanthropologie et la préhistoire

La paléoanthropologie et la préhistoire sont chargées, comme chacun sait, de reconstituer l'histoire de l'homme ; ces disciplines ont donc le devoir scientifique et philosophique grave de démontrer ses racines animales, de prouver son cousinage avec les grands singes, de déclarer son origine unique, tropicale et africaine, de montrer la logique de son déploiement progressif à travers le monde et d'expliquer comment conscience et connaissance ont peu à peu donné à ce drôle de petit mammifère des traits comportementaux que l'on n'avait pas encore vu poindre le long des 4 milliards d'années d'histoire de la vie, et qui sont le libre arbitre et la liberté, la responsabilité et la dignité. Toute cette reconstitution se fait donc avec ce que le temps, dans son infinie profondeur, a bien voulu conserver, c'est-à-dire, essentiellement, des ossements et des cailloux ; mais ces ossements sont fossilisés et ces cailloux taillés, et les uns et les autres ont gardé de l'époque de leur existence et parfois des époques qui se sont écoulées depuis, une impressionnante mémoire qu'il suffit d'apprendre à lire, et puis à transcrire et bien sûr à enseigner. Le titulaire actuel de la chaire ne s'appelant pas Jonas, la figure se passera de légende[1].

L'histoire naturelle et l'histoire culturelle de l'homme

Ce troisième numéro de la toute jeune et toute dynamique revue *Musées/Hommes* est un brillant parcours à travers ce que l'on nomme la paléoanthropologie quand il s'agit de l'histoire naturelle de l'homme et la préhistoire, lorsqu'il s'agit de son histoire culturelle. En guise d'introduction, j'aimerais cette fois user de cette tribune pour répondre à ceux, sincères ou provocateurs, qui se sont parfois demandé à quoi servaient ces disciplines. La paléoanthropologie et la préhistoire sont des sciences à la limite des domaines des sciences de la Terre, des sciences de la vie et des sciences de l'homme. Elles participent donc à l'acquisition des connaissances et sont, en ce sens, indissociables de leurs consœurs et du propos commun qui les unit, la description du monde et la tentative de compréhension

1. Martine Franck avait en effet choisi de photographier l'auteur dans la cage thoracique d'une baleine (galerie d'anatomie comparée du Muséum national d'histoire naturelle de Paris).

logique de son fonctionnement. Or, lorsqu'on étudie, parmi les vestiges laissés sur ou dans le sol, l'évolution des rapports qui ont existé entre les types successifs d'hommes et leurs cultures, on constate des différences importantes de vitesse de transformation des uns et des autres. L'homme se transforme d'abord physiquement plus vite que n'évolue sa culture, puis le phénomène s'inverse ; la culture accélère de manière exponentielle, son développement, laissant littéralement sur place l'évolution biologique, ce qui fait dire à certains que nous n'évoluons plus. Que s'est-il donc passé ? L'équipement culturel de plus en plus important de l'homme a eu simplement de plus en plus tendance à répondre avant son propre corps aux sollicitations du milieu naturel ; ainsi peu à peu, chez lui, l'instinct a cédé le pas au libre arbitre. En d'autres termes, l'homme a peu à peu, grâce à la connaissance, gagné sa liberté, sa responsabilité, sa dignité. La paléoanthropologie et la préhistoire ont, bien sûr, participé à l'acquisition de cette connaissance, source de libération, mais ce sont elles qui en ont aussi démonté et expliqué le mécanisme. Depuis que l'homme a atteint ce niveau de réflexion que l'on appelle conscience, il est par ailleurs habité par cette angoisse dite existentielle qui peut se traduire par le fameux triptyque de questions : quelle est mon origine ? Quelle sera ma destinée ? Quelle est ma nature, et quelle est sa place dans le monde ? Mythes et religions ont élaboré des parades apaisantes à ces questions inhérentes à notre nature réfléchie, mais la science, et en particulier ses approches paléoanthropologiques et préhistoriques, leur a donné aussi, à son niveau, des éléments de réponse. On connaît aujourd'hui par exemple les 20 derniers milliards d'années de l'histoire de notre Univers[1] ; après une probable explosion, dont on perçoit encore les effets, la matière particulièrement dense et chaude qui le constituait alors s'est peu à peu répandue en se compliquant et en s'organisant avec le temps : galaxies, étoiles et planètes se sont bientôt mises en place et, sur l'une de ces dernières, vieille de moins de 5 milliards d'années, s'est développé un phénomène curieux : la vie. Simple à l'origine, il s'est lui aussi répandu à travers la Terre entière en se compliquant et en s'organisant avec le temps ; unicellulaires puis pluricellulaires, plantes et bêtes, invertébrés et vertébrés se sont mis en place et en l'un de ces derniers vertébrés, vieux de moins de 5 millions d'années, s'est développé un phénomène extravagant, la conscience. Nous voici donc situés, humbles et superbes, au bout d'une des branches d'un immense arbre généalogique d'animaux et de végétaux de 4 milliards d'années, sur une petite planète d'une des étoiles de la Voie lactée, en pleine conquête de notre corps, de notre Terre et de notre système solaire,

1. 13,7 milliards d'années est la date désormais retenue.

dont on connaît en outre les limites de la durée d'existence. Il n'y a pas de science appliquée, disait Louis Pasteur, il n'y a que les applications de la science. La paléoanthropologie et la préhistoire, comme toutes les sciences, ont aussi bien sûr de ces applications à court terme qui rassurent certains. Ce sont en effet des sciences de la Terre ; leurs fossiles participent ainsi à la datation des couches de terrain qui les contiennent ; or ces datations permettent l'établissement de cartes géologiques, documents de base nécessaires à toute exploitation ayant un rapport avec ce terrain, recherche de pierres pour la construction ou d'assises pour son implantation, recherche d'eau, recherche de pétrole, d'uranium et des divers minerais qu'utilise l'homme... La paléoanthropologie et la préhistoire sont donc des disciplines essentielles : d'allure peut-être parfois anecdotiques, elles ne sont en fait pas si innocentes qu'elles en ont l'air et transforment peu à peu, insidieusement, les mentalités de l'humanité tout entière. Elles nous ont appris l'épaisseur du temps, l'ancienneté incontestable du temps de l'homme, mais en même temps sa jeunesse non moins incontestable vis-à-vis du temps de la vie, de celui de la Terre ou de celui de l'Univers. Elles nous ont appris notre origine animale, notre proche cousinage avec les chimpanzés, et en même temps la supériorité que nous a apportée notre invention de l'outil fabriqué et du milieu culturel qu'il a représenté. Elles nous ont appris qu'il ne fallait jamais avoir peur de la science, source de connaissance, donc de plus grande liberté, mais qu'il ne fallait pas non plus oublier la responsabilité qui lui était toujours associée. En nous révélant toutes les cultures de tous les hommes depuis les premières, tout au long des quelques millions d'années de leur existence, elles nous ont, en outre, offert comme un cadeau supplémentaire, un nouvel humanisme, un humanisme universel, qui fait de cette fin de millénaire une véritable Renaissance, philosophique et, par voie de conséquence, spirituelle.

La préhistoire

Parmi les questions posées, à l'issue de conférences, par les divers publics venus écouter l'histoire de l'homme ou certains de ses épisodes, il en est une, rare il est vrai, mais quelque peu agressive lorsqu'elle est exprimée, et cette question est à peu près la suivante : « À quoi donc sert la préhistoire ? »

Ce sont quelques-unes des réponses à cette question que je m'efforcerai de mettre en ordre dans cette préface supposée en effet réfléchir sur l'apport de la connaissance de la science que nous pratiquons à la pensée humaine.

En commençant par le gros bout de la lorgnette, je dirai d'abord que la participation de la préhistoire à l'accroissement du savoir suffit à justifier l'intérêt intrinsèque de cette discipline. C'est d'ailleurs la préhistoire elle-même qui montre la corrélation qui existe entre l'augmentation des connaissances et le déclin puis la disparition des instincts, le libre arbitre développé par les premières rendant désormais et progressivement inutiles les seconds.

Je continuerai volontiers en rappelant que l'histoire de l'homme est bien évidemment une partie de l'histoire de la vie, elle-même étant une partie de l'histoire de notre planète, seule porteuse connue pour le moment de cet état de la matière, l'histoire de la Terre étant une partie de l'histoire de notre système stellaire, de notre galaxie, et de notre Univers tout entier. Quand on sait que l'on peut remonter ainsi aujourd'hui à une quinzaine de milliards d'années et que l'homme, vieux de 3 millions d'années, n'est qu'un des aboutissements actuels de cette immense histoire, on ne peut qu'être frappé par la modestie de sa place dans le temps et, bien entendu, dans l'espace, sur une des planètes d'une des milliards d'étoiles, le Soleil, d'une des milliards de galaxies, la Voie lactée.

Mais quand on réalise par ailleurs que la position de la Terre par rapport au Soleil est telle que non seulement l'eau et l'atmosphère ne l'ont pas quittée, mais que, mieux encore, l'une est restée liquide et l'autre gazeuse et, que, par suite, la matière inerte a pu s'y compliquer au point de s'y faire vivante, puis pensante, on ne peut cette fois qu'être frappé par l'exceptionnalité de la place de l'homme, porteur exclusif de ce dernier état, pour le moment le plus compliqué de la matière. Ce n'est donc pas une moindre responsabilité pour une discipline d'avoir ainsi, parmi ses missions, à situer l'homme dans l'Univers.

La recherche de cette situation qui conduit la chaîne des préhistoriens-paléontologistes-géophysiciens-astrophysiciens à la reconstitution du récit de l'évolution du monde, des étoiles à la pensée, fait prendre conscience non seulement de la continuité de cette histoire, mais encore de l'appartenance de tous les êtres vivants à un même arbre généalogique, et fait prendre par suite conscience de la position des origines du rameau humain au creux du monde animal, de la très proche parenté de l'homme et du chimpanzé, d'un berceau de l'humanité sous les tropiques de l'ancien monde et d'une origine unique des 100 milliards d'hommes qui ont vécu ou vivent encore sur la Terre depuis les premiers temps – autant de déclarations d'une importance qu'il n'est pas nécessaire de souligner pour n'importe quelle appréhension scientifique, philosophique, ou spirituelle de l'homme. Quant à l'alliance des préhistoriens-archéologues-historiens-ethnologues, elle va se charger de son côté d'offrir à la connaissance et à la réflexion de l'homme d'aujourd'hui toutes les connaissances et toutes les réflexions de tous les hommes d'hier et de tous les hommes d'ailleurs qui existent ou ont existé et toutes les civilisations qu'avec elles ils ont élaborées. C'est pour la première fois en cette fin de millénaire un accès de notre humanité à toutes les cultures du monde et la construction du premier humanisme universel.

Cette surprenante plongée dans le temps que l'on imaginait un peu, mais mal, car on ne savait pas la mesurer, s'est enrichie depuis un demi-siècle de vraies dates chiffrées organisées en une grille étalonnée de manière si précise que l'on pourrait éditer désormais des calendriers de ces très anciennes années. Qui aurait pensé, avant que ces horloges isotopiques ne soient consultées, que l'indépendance de notre rameau pouvait approcher les 10 millions d'années, que l'homme en avait au moins 3 et les premiers outils taillés de pierre sans doute 3,5, que les premiers outils symétriques que la France pionnière avait associés à ses fameux sites de Chelles, d'Abbeville et de Saint-Acheul approchaient pour leur part les 2 millions d'années et la manière habile, à la mode de Levallois, de préméditer son éclat de pierre comme on plie sa cocotte en papier, plus d'un demi-million d'années ? Qui aurait osé envisager une bipédie s'installant grâce à la transformation du bassin et de la colonne vertébrale avant que ne soit transformée l'anatomie des pieds, un esprit émergeant d'un tout petit encéphale de qualité de moins de 500 centimètres cubes avant que ne se développe un cerveau quatre fois plus gros, un beau profil sans museau sous le simple déverrouillage de la canine avant que ne s'enroule la ronde boîte du crâne, et tout ceci il y a donc presque une dizaine de millions d'années ? Qui aurait osé imaginer qu'à partir de son berceau africain, l'homme s'était agrandi à l'ensemble de l'ancien monde dès 2,5 millions d'années, qu'il avait subi une dérive génétique, appelée néandertalisation en Europe ou pithécanthropisation en Indonésie, sous la pression de l'isolement de ces presqu'îles, dès 2 millions d'années, que dès 700 000 ans il avait inventé la navigation, dès 100 000 ans la récolte pour le plaisir de fossiles et de minéraux, dès 40 000 ans les graffitis et les tags ? Qui aurait donné 25 000 ans à la cuisson de l'argile, 20 000 au polissage de la pierre, 12 000 à la facturation des échanges, 8 000 aux grands tumulus bretons ? Par-delà cet alignement de chiffres repères, c'est évidemment l'extraordinaire prise de conscience de la dimension du temps mais aussi de celle des durées qu'il faut retenir ; après avoir fait 10 centimètres de tranchant au kilo de pierres taillées, il est vrai que cet homme a su multiplier par 4 ce résultat, mais il est vrai aussi qu'il a mis presque 2 millions d'années pour passer d'un chiffre à l'autre ; après avoir fait 40 centimètres de tranchant au kilo de pierres taillées, il est également vrai qu'il a appris à en réaliser 200, mais il a encore mis un demi-million d'années à accomplir ce progrès. Tous ces chiffres, malgré souvent leur peu d'éloquence et par suite la fréquente confusion qui accompagne leur manipulation, ont profondément modifié les manières de penser au passé, d'envisager le présent et même de regarder l'avenir. Et je ne parle pas ici des milliards d'années de l'Univers, de la Terre, de la vie, des centaines de millions d'années des poissons, des batraciens, des dinosaures, ou des dizaines de millions d'années des petits singes, pas plus que des prévisions géologiques de centaines de millions d'années (le laminage par l'Himalaya du subcontinent indien par exemple) ou cosmiques de milliards d'années (l'extinction du Soleil).

Cette ronde hallucinante des chiffres malgré la difficulté qu'offre leur représentation pénètre incontestablement les mentalités et donne à la préhistoire cet autre rôle de prise de mesure de la quatrième dimension, jusqu'alors si vague qu'elle était volontiers nommée « nuit des temps ». C'est d'ailleurs par cette dimension-là et par la démonstration de l'accroissement exponentiel de la perception de sa projection que la préhistoire s'offre le privilège de lier le passé sur lequel elle règne à l'avenir qui, « statutairement », devrait lui échapper ; on peut en effet imaginer qu'un australopithèque qui a déjà l'idée révolutionnaire de changer la forme d'un caillou en tapant dessus pour en améliorer l'usage dans la fonction à laquelle il le destine, envisage cette action pour en enchaîner la suivante dans un certain avenir mais un avenir quasi immédiat ; on peut par contre penser que l'homme qui fait, il y a 500 000 ans, 40 centimètres de tranchant au kilo de pierres taillées, puis, à plus forte raison, 200 il y a 50 000 ans, 2 000 il y a 20 000 ans, et 7 000 il y a 10 000 ans, maîtrise si bien sa matière première qu'il l'économise et fabrique par suite ses outils d'avance, pour les jours, les semaines, voire les mois qui viennent ; on peut penser de la même façon que le peintre qui mêle, il y a 40 000 ans, argile et sang de bison à ses couleurs pour qu'elles conservent leur vivacité et tiennent plus longtemps a dû expérimenter suffisamment ces mélanges compliqués pour finir par établir des recettes efficaces pour une conservation qu'il devait espérer de plusieurs années, dizaines d'années, voire générations ; on peut encore penser que l'ouvrier, bâtisseur de cathédrales, qui, il y a un millénaire, sa vie écoulée, passe les consignes à son fils, a sans doute l'espoir que son petit-fils ou son arrière-petit-fils verra l'œuvre à la gloire du Dieu éternel terminée ; et le scientifique du XXe siècle qui prévient l'humanité qu'il lui faudra quitter la Terre ou la bouger pour s'installer ou l'installer autour d'autres soleils plus jeunes pour survivre ne fait rien d'autre que ses prédécesseurs ; il se permet seulement une projection plus longue. La préhistoire, au fond, en étudiant les divers progrès de l'homme et leurs tendances, est ainsi la seule discipline à pouvoir se permettre de les extrapoler.

Nous n'oublierons évidemment pas l'objet premier de la préhistoire, la reconstitution de l'évolution de l'homme et, par suite, celle, prodigieuse, de la progression de sa pensée. Dès le premier objet taillé, le préhumain, il y a 3,5 millions d'années, s'est offert le privilège de changer volontairement en une autre forme, une forme naturelle ; il manifestait ainsi, d'entrée, son intention de « transformer » le monde. On le verra en effet, lui-même ou l'homme véritable qui bientôt le suivra, tailler de mieux en mieux les objets dont il fera son environnement, en apprendre les matières, leurs propriétés, leurs densités, leurs couleurs, en percevoir de mieux en mieux les formes, en améliorer l'efficacité et l'esthétique, en inventer la symétrie lorsqu'elle n'était pas naturelle, en réfléchir la détermination préalable à la taille, s'en orner le corps, et les projeter en deux, trois ou même quatre dimensions (nécessitant un déplacement pour les lire) sur des supports d'une infinie diversité ; on le verra de mieux en mieux savoir, et puis, peu à peu, savoir qu'il sait, ressentir l'angoisse de l'existence et celle de la mort, traiter les corps de ses proches et bientôt les inhumer ; on le verra se servir du feu, puis le maîtriser et bientôt découvrir le feu nucléaire ; on le verra faire savoir qu'il sait, inventer l'écriture et sa diffusion manuscrite, imprimée puis électronique ; on le verra acquérir peu à peu la connaissance de lui-même, celle de son milieu, celle de sa planète et bientôt celle de son Univers. L'homme est vraiment un drôle de petit mammifère et c'est la préhistoire qui est chargée d'en décrire l'histoire du portrait, tant physique qu'intellectuel ou moral.

Et je terminerai sans doute tout aussi volontiers par l'autre bout, le plus petit, de la même lorgnette, celui que l'on peut appeler appliqué, d'un autre degré d'importance certes que toutes les raisons exposées précédemment mais d'un degré très rassurant pour certains des publics qui, en posant la question de l'usage de la préhistoire, n'avaient probablement en tête que le service à court terme. La préhistoire, comme la paléontologie, sa jumelle, est en effet une science du sol et du sous-sol ; les informations auxquelles elle permet d'accéder peuvent par suite avoir des retombées géologiques, géomorphologiques, hydrogéologiques, pédologiques, minières. Je ne prendrai qu'un exemple simple et je le prendrai dans ma propre expérience puisque j'ai eu le bonheur de le vivre ; ce sont mes prospections archéologiques du Borkou, au Tchad, qui m'ont permis, grâce à l'enregistrement, à chaque site rencontré, de sa cote topographique, de mesurer la vitesse d'assèchement du Sahara et d'envisager une sécheresse à venir (qui est venue), et ce sont mes repérages paléontologiques qui ont permis aux services dits de l'« Agropastorale » de savoir où se trouvaient les nappes aquifères, de forer de nouveaux puits et d'agrandir considérablement en conséquence la surface des pâturages à chameaux.

Ai-je besoin de conclure que l'importance du rôle joué par la préhistoire est considérable ? Elle englobe le temps et l'espace, elle met chaque chose et chaque être à sa place ; l'homme, son principal objet, y apparaît ainsi à la fois humble et digne, puissant et fragile ; minuscule dans l'espace où il vient à peine de naître, l'immensité de ses dimensions cognitives, intellectuelles, artistiques, morales, spirituelles lui donne déjà cette position sans équivalent dans l'Univers. La préhistoire est discrète, trop discrète sans doute au point que la nécessité de son enseignement, qui est fondamental, échappe encore aux instances chargées des programmes scolaires ou universitaires. Mais la préhistoire n'en est pas moins insidieuse. Ses déclarations associées à celles des disciplines affines, quant aux origines de l'homme, aux dimensions du temps, à la mise en garde du présent, à l'éclairage de l'avenir, pénètrent peu à peu tous les esprits du monde, non seulement les penseurs, mais aussi les décideurs, leurs experts, leurs conseillers. Elle donne à tout et à tous la perspective d'observation qui en permet la plus juste appréciation ; elle est école de sagesse, de mesure, de raison. Elle est aussi heureusement passion.

La paléoanthropologie

La paléoanthropologie au XXe siècle, c'est presque toute la paléoanthropologie ; c'est l'installation du berceau de l'humanité en Afrique tropicale et l'apparition un à un des préhumains, fascinants dans leur mélange de traits d'avant, toujours honteux, et de caractères d'après, encore maladroits ; c'est la mise en place du sens du peuplement de la Terre et de l'ordre de succession des inventions des hommes ; mais c'est surtout l'établissement du calendrier de ces événements et le tissage des alliances de la préhistoire avec l'astronomie, la géologie, la biologie d'une part, la physique, la chimie, les mathématiques d'autre part.

La paléoanthropologie est une science historique ; il y est donc essentiel de dater les découvertes pour les ranger dans le sens du temps et raconter l'histoire. Cela ayant été fait grâce à la multiplication des techniques de mesure des âges, s'est magiquement mise en place toute seule une histoire continue de 15 milliards d'années[1] raccordant d'elle-même la paléoanthropologie à la géologie et à l'astronomie. Tandis que l'on accrochait ainsi l'histoire de l'homme à celle de la vie et celle de la vie à celle de la Terre, du système solaire, de la Voie lactée et de

1. 13,7 milliards d'années est la date désormais retenue.

l'Univers, les progrès de la biochimie, de la biologie moléculaire et de la génétique faisaient les paléoanthropologues descendre petit à petit dans l'intimité du dedans de leurs os et de leurs dents (fossiles), apprenant à y lire les structures, les tissus, les cellules, les molécules.

Il a fallu aller chercher les fossiles, bien sûr, les trouver, les décrire, les interpréter, les dater, avant de bâtir la vaste fresque de l'histoire de l'homme qu'on s'offre le luxe de peindre aujourd'hui. Mais le grand chambardement de ce siècle s'est surtout fait dans les mentalités ; on a appris le temps : la vie sur la Terre et ses 4 milliards d'années, l'homme au sein de l'histoire de la vie et ses 3 millions d'années, la conscience, l'outil fabriqué, le langage articulé un petit peu avant ou un petit peu après cette dernière grande date. On a appris l'espace : la toute petite taille de la planète dont on fait désormais le tour en une heure et demie dans l'immensité d'un système stellaire parmi des milliards d'autres ; mais on a appris aussi l'étonnante unité de l'Univers et celle de la vie sur la Terre, la filiation des êtres vivants, agrippée à un seul immense arbre phylétique auquel, naturellement, nous appartenons ; on a appris par suite l'analogie entre les atomes de notre corps et ceux des étoiles, l'analogie entre les cellules de nos tissus et celles des premiers êtres vivants, l'analogie entre certains de nos comportements et certains de ceux des grands singes. Et ces extravagantes constatations ont fini par se faire accepter, même si ça n'a pas toujours été de bonne grâce ; on en est à peu près là à l'aube du millénaire nouveau qui s'éclaire déjà.

Je nous vois donc ouvrir ce temps de demain par cette recherche agacée du mécanisme de cette histoire : qu'est-ce donc que cette poussée qui fait que la matière ne cesse de se compliquer et de s'organiser depuis 15 milliards d'années ? Qu'est-ce donc qu'un être vivant qui, depuis 4 milliards d'années, s'adapte étonnamment aux milieux qui changent plutôt que de subir les caprices de la contingence ?

Le millénaire qui arrive va certainement nous permettre, en comprenant enfin la ou les manières dont procèdent l'évolution de la matière inerte et l'évolution de la matière vivante, de gérer en meilleure connaissance de cause l'évolution de la matière pensante, la nôtre, matière soumise aux lois de la biologie mais conquérante par sa connaissance cumulée, d'une certaine liberté qui ne devrait demander, naturellement ou culturellement, qu'à grandir.

Entre le terrain et la dissection

Une des questions parmi les plus fréquemment posées par les différents publics des conférences de paléontologie humaine concerne la manière dont s'exerce notre métier, passionnant mais étrange pour beaucoup de personnes ; cette question s'exprime sous deux formes principales que l'on pourrait transcrire en deux interrogations : « Pourquoi allez-vous fouiller là plutôt qu'ailleurs ? » et : « Que fait un paléontologiste quand il arrive le matin à son labo ? », interrogations reflétant bien les deux phases principales et successives de notre activité.

Le terrain, nos archives, est en effet le premier objectif de toute recherche en paléoanthropologie ; pour disposer de l'objet de notre étude, le fossile humain, il convient non seulement d'aller le chercher mais de le trouver. Et, pour cela, un travail préalable s'impose, celui de l'étude de ce terrain afin d'en déterminer la nature, l'âge, la structure pour en analyser le contenant et le contenu. En d'autres termes, la géologie et ses disciplines affines précèdent toute prospection et fouille.

Lorsque la pièce tant espérée fait partie du « tableau de chasse », au milieu de tonnes de sédiments et de milliers de fossiles de plantes et d'animaux permettant d'en construire l'environnement, le deuxième objectif de la paléoanthropologie, l'étude de ladite pièce, peut être alors abordé. Cette étude va consister à l'observer macroscopiquement et microscopiquement et à la décrire de la façon la plus précise possible, en tant que telle et de manière comparée, pour en connaître le stade évolutif, le type d'adaptation et l'insertion dans la phylogenèse. En d'autres termes, l'anatomie et ses diverses appréhensions précèdent toute interprétation et conclusion.

Michel Sakka, à qui l'on doit l'initiative et la conduite de ce brillant dossier de science et d'histoire, a toujours joliment exprimé ce propos, en déclarant : « Mon terrain, c'est la table de dissection. » Sans la géologie pour la première phase, l'anatomie pour la seconde, il n'y aurait en effet pas de base rigoureuse à une paléanthropologie crédible. Les textes qui vont suivre chanteront les louanges de la seconde.

L'anatomie, bien lue, ne saurait mentir. Mais les hommes, même ceux de science, sont ainsi faits qu'ils ne peuvent jamais se dégager complètement d'une certaine préconception des résultats qu'ils cherchent. Cela les conduit naturellement, dans la majorité des cas, à des erreurs dont ils ont ensuite mille peines à sortir.

Le précepte « attends-toi toujours à l'inattendu » n'est hélas pas souvent appliqué parce qu'il est très difficile à garder bien présent en tête, quand on interprète les résultats d'une manip ; pour des raisons d'éducation, de culture, de structures, voire de sentiments et d'orgueil, on se résout mal à chasser la prévision au profit de l'information, lorsque, évidemment, celle-ci ne recouvre pas celle-là. Il est amusant de penser qu'avant Vésale, la lecture publique des traités de Galien représentait la leçon d'anatomie, illustrée au mieux par un découpage d'organes par un barbier ! Il est tout aussi surprenant de se souvenir qu'avant Dart et son préhumain provocateur au petit cerveau et aux dents humaines, l'image de l'ancêtre que l'on attendait était celle d'un très ancien humain à l'immense cerveau et aux dents très simiennes – « *the very ancient modern looking ancestor* ». Mais ce qui est encore plus incroyable et dépasse cette fois bien évidemment les limites de la pratique scientifique, c'est que, ne trouvant pas cet homme beau que l'on espérait pour aïeul, on l'a tout simplement fabriqué ; l'*Eoanthropus dawsoni* de Piltdown, supposé avoir au moins l'âge de l'australopithèque, était composé d'un crâne humain contemporain et d'une mandibule d'orang-outan. On verra combien il a fallu de siècles pour admettre que l'anatomie s'apprend sur la table de dissection et combien il a fallu de fossiles et d'années pour accepter que nos ancêtres ne répondent pas aux mêmes canons esthétiques que nous.

Le bouquet d'articles que j'ai l'honneur et le plaisir d'ouvrir va donc attirer l'attention sur l'extrême importance de l'anatomie – en fait indispensable –, de la dissection à l'imagerie réelle et virtuelle, sur l'histoire tumultueuse de son appréhension et de sa pratique, sur l'histoire aussi de la résistance que ne cesse d'offrir l'esprit humain au changement et à la nouveauté. La préhistoire d'ailleurs a bien mis en évidence cette inertie inhérente à la nature de notre pensée : les comportements des hommes, lisibles par exemple dans les structures de leurs sols d'habitat, sont toujours en retard sur leurs technologies, lisibles par exemple dans les tailles de leurs pierres.

Je laisserai le mot de la fin à un très grand zoologiste Pierre Paul Grassé – aujourd'hui disparu et qui, à 85 ans, curieux de mieux apprendre la nature et l'ancienneté d'*Homo habilis* récemment découvert et créé, m'avait dit avec les jolies sonorités de son accent du Sud-Ouest : « Mon cher ami, je ne demande qu'à vous croire, je suis comme de la cire molle. »

La morphologie

Macroscopiquement et de mieux en mieux microscopiquement, la forme révèle le fond ; l'histoire du fond, l'évolution, est l'histoire des changements de la forme, le transformisme.

Le paléontologue, qui est chargé de reconstituer l'histoire de la vie, dès qu'il se trouve en présence d'un témoin fossile de cette histoire, n'a guère d'autres premières approches à sa disposition que l'examen de la forme de ce fossile, évidemment de manière comparée, diachronique, fonctionnelle, pour déboucher sur des interprétations systématiques, phylétiques, comportementales.

Tout objet d'origine organique émergeant ainsi d'une couche géologique apparaît comme un véritable joyau, arrivant littéralement du temps, chargé de caractères, eux-mêmes surchargés d'informations.

La forme du genou de Lucy par exemple, dans la morphologie instable de son articulation à grande amplitude de rotation, entre un fémur oblique de bipède relié à un bassin en pression de bipède et un tibia d'arboricole relié à une cheville fragile et à un pied plat d'arboricole, a été la première forme révélatrice du comportement bilocomoteur de ce préhumain entre des ancêtres primates quadrupèdes arboricoles et des descendants humains bipèdes exclusifs.

Cette appréhension de la forme prend évidemment bien des visages. Le tout premier est celui, irremplaçable, de l'observation. Et mon intervention, dans une certaine mesure, sera un rappel de l'importance de l'observation de la forme. On reconnaît une forme, une ressemblance, une différence, après une simple fréquentation, quand elle devient familière, intime.

Ceci conduit par exemple à cette morphologie particulière qui porte le joli nom de discrète. Il s'agit, comme vous le savez, de la morphologie de caractères souvent seulement observables, souvent non mesurables, et dont on ne peut apprécier que le degré d'expression. Citons les orifices, leur nombre, leur position, les sillons, les crêtes ; les ossifications surnuméraires, fontanellaires, les os wormiens ; les synostoses incomplètes ; le degré d'ossification d'éléments cartilagineux ligamentaires, etc. Sur la face antéro-externe du maxillaire, existe parfois, par exemple, un foramen appelé infra-orbitaire ; eh bien, ce caractère très discret est en général unique chez *Australopithecus*, il est double chez *Homo* dès *Homo habilis*. Le point anatomique bien connu, de convergence des os temporal, frontal, sphénoïde, pariétal, et parfois zygomatique et appelé ptérion par Broca, peut par exemple encore être de type retourné ou fronto-temporal, en H ou sphéno-pariétal, en K ou temporo-fronto-sphénopariétal, ou encore zygomatico-temporal.

Un autre visage de l'appréhension de la forme est bien sûr le recensement de ses caractères, le listing comme on dit en français.

Pendant bien des années, chaque paléontologue ou presque, fabriquait un peu sa propre hiérarchie des caractères qu'il avait reconnus, retenus, listés. Ce n'était évidemment satisfaisant pour personne.

On classait par exemple les hommes préhistoriques d'après l'importance de leur bourrelet sus-orbitaire ; on les séparait des grands singes au seul examen du nombre de cuspides de leur première prémolaire inférieure ; on faisait les éléphants changer d'espèce à la seule appréciation du nombre et du degré de resserrement des lames d'émail constituant leurs dents jugales, etc.

Et puis on a un peu progressé dans l'appréciation du degré d'importance de ces caractères en les orientant, dans l'esprit de ce que d'aucuns appellent la morphologie évolutive. Les uns ont été qualifiés de plésiomorphes, ou d'hérités, les autres d'apormorphes ou de dérivés. C'était mettre un peu de rigueur dans la salade des caractères archaïques et évolués d'antan. Et c'était bien !

Le genou de Lucy est par exemple très vraisemblablement plésiomorphe ; son bassin, apomorphe.

Mais toute la rigueur souhaitée ne présidait pas encore à cette analyse des formes. On se prenait alors parfois à rêver d'un appareil palpeur, qui se saisirait de l'os à examiner et qui en produirait une description parfaite, immédiatement comparable à ses homologues contemporains ou non.

Paul Valéry, gêné par le conflit main-esprit dans l'explication du dessin, avait imaginé quelque chose de la sorte : « Nos yeux commanderaient mécaniquement un stylo traceur, disait-il ; il nous suffirait alors de regarder un objet, c'est-à-dire de suivre du regard ses frontières, pour le dessiner exactement. »

Le visage de l'appréhension des formes qui suit celui de ses descriptions partielles par listes de caractères est, inévitablement, celui de la quantification.

Et la morphologie se fait morphométrie, elle mesure tout, des distances et des angles, elle fabrique des points et des plans, des rapports et des indices, elle fait de la géométrie, de la trigonométrie ; les méthodes statistiques interviennent, univariées, bivariées, multivariées, en composantes principales et, lorsque l'on donne à toutes les formes une même taille arbitraire, on se met à faire de la conformation.

Une simple mandibule humaine de Belgique d'une cinquantaine de milliers d'années, grâce à des comparaisons chiffrées et biostatistiquées, vient se positionner par exemple de manière élégante et satisfaisante dans les parages de celles des hommes de Neandertal.

10 métacarpiens et 7 phalanges d'australopithèques d'Afrique du Sud, grâce à la douzaine de mesures prises sur chaque pièce et à leur positionnement au milieu de celles des 78 pièces homologues fossiles et 186 actuelles, révèlent la puissance tout à fait humaine de la préhension de ces mains auxquelles métacarpes et phalanges avaient appartenu, la précision presque humaine de cette préhension et la maniabilité qui s'ensuit.

Quant à l'adéquation entre mathématique et biologie qui constitue cette technique de comparaison nouvelle par superposition que l'on nomme conformation, elle nous raconte par exemple que l'avancée de la région frontale, le recul de la région occipitale, la flexion du basicrâne seraient liés à l'augmentation de taille du cerveau, ou encore que tous les australopithèques, ayant une orientation du trou occipital qui ne change pas, devaient avoir la même posture et le même port de tête.

Un autre visage encore, visage nouveau celui-là et pas le moins séduisant de la morphologie, est l'image virtuelle que l'on peut désormais lui fabriquer.

C'est évidemment l'informatique qui va permettre ici de déchiffrer les formes et d'en fabriquer de nouvelles. Par stéréolithographie par exemple, c'est-à-dire par matérialisation de modèles virtuels remaniés et remontés, on a redonné au crâne déformé de 200 000 ans de Steinheim sa morphologie d'origine. Les outils d'investigation en imageries 2D et 3D ont permis de la même manière de réaliser un remontage virtuel d'un crâne d'*Homo erectus* du Maroc dont on possédait la face de l'un et le neurocrâne de l'autre.

Les microscopies aux grossissements variés, de la simple loupe binoculaire à la microscopie électronique à balayage ou à effet tunnel, permettent évidemment d'accéder au-dedans des os, au-dedans des dents, aux tissus, aux cellules, aux molécules, aux atomes même. Et les formes ne cessent de s'y rencontrer. L'embryogenèse vient de révéler une extraordinaire organisation des formes tout à fait inattendue dès l'aube de tout être vivant.

Les stries transversales et les stries de Retzius de l'émail dentaire, les premières à croissance à périodicité circadienne, les secondes de formation hebdomadaire, permettent par exemple, grâce à leur simple comptage, de décrire des développements qui s'avèrent caractéristiques des taxons d'hominidés et même révélateurs de leur environnement.

Le dernier paragraphe de ce bavardage sera hors du sujet ; tant pis ! Il concernera en effet la morphologie des pierres ou autres matières premières taillées – typologie, dit-on.

Ce que l'on appelle art, projection sur une paroi immobilière ou sur un objet mobilier, d'un signe ou d'une figure gravée, sculptée ou peinte et dont l'origine n'a qu'une quarantaine de milliers d'années, se trouve en effet précédé par plusieurs millions d'années de perceptions de plus en plus élaborées de formes fabriquées. On rencontrera, sur les sols d'habitats (ceux de 2,6 millions d'années de Hadar par exemple), des types de tailles répétées, donc testées, retenues, enseignées et systématiquement reprises pour une même fonction. Il existe donc déjà une trousse de quelques outils, toujours les mêmes, qui ont dû faire leurs preuves et sont reproduits, des millions de fois des milliers d'années. Il y a évidemment là une toute première reconnaissance incontestable de formes.

Cette reconnaissance ne fera que s'affiner lorsque vers 1,8 million d'années, sur les bords du lac Turkarna, la symétrie de certains outils aura été réalisée, participant à une trousse plus riche et beaucoup plus diversifiée.

Quand, il y a 500 000 ans, les plus grands éclats possibles seront extraits de quelque rognon ou galet, grâce à un schéma théorique de plus d'une dizaine de coups frappés de manière bien précise dans un ordre bien déterminé, un immense pas aura été fait dans la pensée de la forme et dans le défi de sa réalisation.

Quand, il y a 100 000 ans, le regard de l'homme devient suffisamment curieux pour reconnaître fossiles et minéraux et les collectionner pour son seul plaisir et son paléocabinet de curiosités, il est évident qu'il se rapproche considérablement du stade dit de l'art.

Je voulais attirer, ainsi pour terminer, l'attention sur l'importance de tout temps de la forme dans l'esprit de l'homme et dans l'évolution de cet esprit. Je voulais dire aussi que, contrairement à ce que l'on entend parfois, l'art n'émerge pas comme cela du néant ; il est bien évidemment préparé par des millions d'années d'appréhension de formes de plus en plus complexes dans leurs contours, leurs conceptions, leurs réalisations.

Il a été dit, à une certaine époque qui n'est pas très ancienne que le temps de la morphologie était passé ; il est clair qu'au contraire cette discipline, qui a su passer de multiples alliances avec de multiples technologies nouvelles, a gardé toute sa vigueur et tout son intérêt, aussi bien dans son exercice premier – l'observation – que dans toutes ses approches les plus quantifiées.

Cette participation, on l'aura bien compris, est un hymne à la gloire de la morphologie et, en même temps, à celle de l'observation.

La paléo-odontologie

Quelle étonnante invention que les dents, ces objets magiques, organiques et minéraux à la fois et qui, dans la bouche de chacun des vertébrés ou presque, depuis des centaines de millions d'années, racontent par le menu l'âge géologique et individuel qu'il a, comment il a grandi et où, ce qu'il aime manger et comment et, dans une large mesure, à quoi et à qui il ressemble !

Un chicot d'*Anancus* et l'on est assuré de se trouver dans un monde de gros proboscidiens paisibles au cœur d'un joli paysage arboré et chaud d'il y a quelques millions d'années ; une lame d'émail, haute et étroite, et l'on se projette au milieu d'un troupeau de mammouths dans une immense steppe bien fraîche de quelques dizaines de milliers d'années ; un petit tour sur le dessus des dents de Lucy et on y lit son bel appétit de fruits, de pousses, d'oignons et de petites souris ; un grand tour dans le dedans des dents de Neandertal et on y découvre une sympathique faim de viande et une préférence nettement marquée pour les steaks de renne plutôt que pour ceux de bison.

Voici donc un beau nouveau volume de la collection « Paléoanthropologie et paléopathologie osseuse », en hommage à l'histoire des dents, aux méthodes de leur étude et à certaines de leurs maladies.

Sur des préhumains – en l'occurrence ceux de 3,5 millions d'années du Tchad – ou sur des humains d'hier – quelques-uns ou quelques-unes de ceux du Moyen Âge de France et d'Allemagne – sont étudiés des cas d'hypoplasies, d'ostéomyélites et de lésions variées, abcès, alvéolyses, caries ; l'épaisseur de l'émail, comme l'évolution des morphologies, est examinée de manière généreusement diachronique, au moins dans son application, la radiographie, l'analyse CT ou celle des courbes de Wilson le sont, quant à elles, sur des cas très précis ; de précieuses fiches d'analyse et d'utiles listings de paramètres paléo-odontologiques viennent enrichir encore cet ouvrage, achevant de faire de lui une œuvre de référence.

Vingt-huit auteurs ont offert ainsi l'exposé de leurs recherches ou de leurs réflexions pour composer ces pages. […]

La paléopathologie

La paléopathologie est la science qui se consacre à la recherche, la reconnaissance et l'étude des dommages subis par les hommes fossiles durant leur vie ; le paléopathologiste doit donc être à la fois anatomiste, paléoanthropologue et médecin ; médecin, il appliquera à la pièce fossile à examiner les diagnostics qu'il a appris à égrainer au chevet de son malade ;

paléoanthropologue, il traduira en termes de taxinomie, de sexe, d'âge géologique et individuel, certains caractères de la pièce en question ; anatomiste, il déchiffrera la forme dudit objet, ses creux et ses crêtes, ses empreintes et ses marques, exprimera cette forme en fonction et replacera l'objet dans l'organisme auquel, vivant, il avait appartenu. Trois démarches qui se recouvrent un peu mais ne s'en allient pas moins pour circonscrire une discipline à part entière, part en même temps du faisceau de sciences appelées à reconstituer l'homme passé, sa vie, son comportement, sa société.

En hommage à cette noble matière, Jean Dastugue et Véronique Gervais nous offrent un superbe livre qu'ils appellent manuel, dédié à la paléopathologie du squelette et qu'ils veulent destiné prioritairement au praticien. Superbe livre en effet qui, dans le simple exposé d'une méthode et de son exercice, propose en fait un discours exemplaire de rigueur, ce dont on ne peut s'étonner quand on connaît l'expérience, la compétence, l'exigence et la personnalité des auteurs.

La paléopathologie est une science difficile ; sa pratique, d'abord visuelle et tactile, peut bien sûr s'aider de rayonnements X, de tomodensitographie, de dosages chimiques et du microscope, pour des examens directs et, à plus forte raison, histologiques. Mais le paléopathologiste ne doit pas moins en demeurer un observateur particulièrement prudent – « la réserve vaut mieux que l'outrecuidance », lit-on dans la postface –, et c'est cette prudence qui se trouve être génératrice d'une extrême précision dans les diagnostics et dans leur terminologie.

La paléopathologie est aussi une science féconde. Bien que cet ouvrage se défende d'être, en quoi que ce soit, un catalogue des pathologies reconnues sur le squelette de l'homme fossile, la richesse de son bilan transparaît tout au long des exemples choisis, de l'exostose post-traumatique du fémur du pithécanthrope de Trinil à la fracture du crâne de l'homme de Chancelade, du méningiome du jeune *Homo erectus* du Lazaret à la polyarthropathie ankylosante d'un des hommes d'Afalou-Bou-Rhummel. Elle raconte à la préhistoire ce qu'ont été ou ont pu avoir été certaines thérapeutiques anciennes, éclaire l'état sanitaire d'une population, son degré d'endémisme, son comportement, agressif ou solidaire ; elle apprend à la médecine l'étonnante unicité symptomatologique du genre *Homo*, dont la diversité des niches aurait plutôt laissé présager le contraire. Elle apporte à la paléoanthropologie de précieuses réflexions sur les conséquences du redressement du corps qui met notre crâne en étrange porte-à-faux et elle rappelle à cette discipline que l'os est un tissu vivant et labile, privé, à l'état sec, de son contenu protéinique et de son contenant conjonctif, musculaire, ligamentaire, ou cartilagineux. Mais « il nous faut avoir conscience de côtoyer continuellement une immense plage d'ombre », concluent, cependant, de manière modeste et clairvoyante, les auteurs.

Je laisserai enfin au lecteur le bonheur de s'imprégner de l'étonnante poésie qui enveloppe l'ensemble du texte, bénéficiaire de la concision du langage et de ses mots ; je ne peux cependant résister au plaisir de lui annoncer quelques rencontres, celles par exemple des diacopés et des écoppés, des incongruences et des coalescences, des accourcissements, des appositions et des agénésies, sans parler de l'excursion des arthrodies, de l'échappée des sésamoïdes ou du silence des osselets surnuméraires... [...]

L'histoire de la paléopathologie

[...] Pierre Charon et Pierre-Léon Thillaud se sont [...] lancés dans une entreprise de grande envergure : explorer de manière exhaustive et critique, parfois très critique d'ailleurs, l'ensemble de la littérature paléopathologique de langue française depuis sa « préhistoire », soit deux siècles bien remplis, et en extraire la quintessence. Une anthologie n'est-elle pas à l'origine, selon son étymologie, une cueillette de fleurs et sa réalisation figurée, un bouquet de textes, que les auteurs qualifient ici de princeps ou de fondamentaux ? [...]

Je suis paléontologue. J'ai donc avec les auteurs des domaines partagés mais, si j'ose dire, mal partagés. Si je suis bien, en effet, celui qui récolte l'os, la dent, voire le tissu et qui reconnaît (ou pas) l'anormalité, ce sont eux, les paléopathologistes, qui seront amenés à l'interpréter. Je ne cherche pas à dénigrer ma discipline, à qui reviennent l'étude du monde vivant passé et la lecture de son histoire, mais à rappeler simplement que le diagnostic rétrospectif, même s'il n'est pas accompagné de traitement, revient véritablement au « docteur ». Ce n'est pas un hasard si tant de grands anciens, des deux disciplines d'ailleurs, ont été des médecins. Philippe Charles Schmerling, par exemple, considéré ici comme le premier auteur d'un écrit spécialisé en paléopathologie, est aussi, pour les paléoanthropologues, le premier auteur d'une description de fossiles humains (les néandertaliens d'Engis, près de Liège en 1830).

Bien belle discipline donc, s'il en est, que cette paléopathologie, étonnante par excellence dans ses méthodes actualistes et déductives, à la fois anecdotique, voire policière dans ses conclusions d'enquête (la jeune néandertalienne de 35 000 ans de Saint-Césaire en Charente-Maritime avait pris un « méchant » coup sur la tête, par-derrière, mais dont elle avait survécu) et immense dans son apport à la connaissance de santé physique, sociale et même morale d'une population (la société de près de 2 millions d'années de Dmanissi en Géorgie aurait eu suffisamment de compassion pour assister certains de ses membres à vivre alors que leur état ne leur permettait plus de s'alimenter seuls), à celles de l'histoire des malades et des maladies (la tuberculose est peut-être passée de l'aurochs à l'homme lorsque ce dernier, il y a 10 000 ans seulement, s'est mis, en se fixant, à domestiquer le premier), du climat et de l'alimentation, de l'homme et de l'humanité. Quant à cette somme magistrale, elle fait aussi œuvre d'histoire des sciences au point de remettre à leur place, dont elles avaient quelque peu disparu, l'anthropologie physique et la paléopathologie française. Un des espoirs du préfacier serait évidemment de voir cet ouvrage traduit le plus vite possible en mille langues, notamment bien sûr dans celle la plus lue désormais au monde. L'enseignement de l'histoire comme celui de la philosophie a toujours eu en effet de la peine à se dégager de la subjectivité de l'esprit humain, naturelle ou délibérée.

N'oublions pas de saluer, avant de terminer, l'important appareil de notes infrapaginales, d'index et de bibliographie qui participe à faire de ce travail, une référence exemplaire. [...]

Sources

« Préface » *in* Sacha Broussine, *La Fabuleuse Histoire de la vie*, Paris, Clyvas Éditions, t. 1, p. 7 ; t. 2, p. 7 ; t. 3, p. 7 ; t. 4, p. 7 ; t. 5, p. 7 ; t. 6, p. 7, 2001.

« Préface » *in* Neil Shubin, *Au commencement était le poisson. L'homme : 3,5 milliards d'années d'évolution*, Paris, Robert Laffont, p. 9-10, 2009.

In Martine Franck, « Yves Coppens », *Le Collège de France. Figures et travaux*, Paris, Imprimerie nationale édition, p. 146-147, 1995.

« Avant-propos » *in* « Histoire d'ancêtres. La Grande aventure de la préhistoire », *Musées/Homme*, n° 3, p. 4, 1993[1].

« Un humanisme universel » *in La Vie préhistorique*, Paris, Société préhistorique française et Éditions Faton, p. XIX-XXIV, 1996.

« L'homme dans l'univers », *Encyclopædia universalis* en ligne, écrit en 1999.

« Préface » *in* « L'anatomie. Pratiques préhistoriques. Traités mésopotamiens. Momification et anatomie en Égypte, Hippocrate. Galien. Léonard de Vinci. Vésale », *Dossiers d'archéologie*, n° 231, p. 4-5, mars 1998.

« Évolution et morphologie », *Bull. Assoc. des morphologistes*, colloque du centenaire de l'Association, Paris, 7 mai 1999, vol. 83, n° 263, p. 23-24, décembre 1999.

« Préface » *in* Djillali Hadjouis et Bertrand Mafart (dir.), *La Paléoodontolgie. Analyses et méthodes d'étude*, Paris, Éditions Artcom', « Paléoanthropologie et paléopathologie osseuse », p. 5-6, 2001[2].

1. *Histoires d'ancêtres* est un numéro spécial, sous la direction de Jean-Jacques Bahain, Dominique Grimaud-Hervé, Roland Nespoulet et Frédéric Serre, du magazine d'actualités scientifiques et muséologiques *Musées/Homme* fondé et dirigé par Frédéric Serre.

2. La collection « Paléoanthropologie et paléopathologie osseuse » était dirigée par Djillali Hadjouis ; les éditions Artcom' par Frédéric Serre.

L'HOMME PRÉHISTORIQUE, SES DISCIPLINES

« Préface » *in* Jean Dastugue et Véronique Gervais, *Paléopathologie du squelette humain*, Paris, Éditions Boubée, p. 7-8, 1992.

« Préface » *in* Pierre Charon et Pierre-Léon Thillaud, *L'Invention de la paléopathologie, une anthologie de langue française (1820-1930)*, Publications de l'université de Saint-Étienne, p. 9-10, 2010.

2.

L'HOMME PRÉHISTORIQUE, SON ENTRÉE EN SCÈNE

Mettre en scène l'homme préhistorique, c'est évidemment mettre en scène l'homme tout court et finalement le mettre à sa place. Pour ce faire, la première démarche est sans doute celle de rechercher son origine. Or cette recherche nous fait remonter, de proche en proche – c'est une façon de parler ! –, de l'homme à la vie, de la vie à la Terre et de la Terre à l'Univers et aux limites des connaissances que l'on a de sa propre origine à lui. *Mes textes à cet égard parleront de 15 milliards d'années souvent, 20 milliards d'années exceptionnellement, en fonction de l'affinement des mesures du « moment » du big bang par les astrophysiciens.* John Mather – un ami – est parvenu récemment à un ordre de grandeur de 13,9 à 13,5 milliards d'années, ce qui a stabilisé – pour un temps – la date de 13,7 milliards d'années attribuée à cet événement.

Or il semble que la matière dont on perçoit alors l'existence, de simple et « confuse », se fasse paradoxalement compliquée (de plus en plus), mais organisée (de mieux en mieux). Dès le plus profond des mondes et des temps, nous voici donc devant un constat : rien n'est stable, tout change et tout a l'air de se passer comme si une pression poussait le contenu de notre Univers vers la complexité. Les galaxies naissent (et meurent) et, en leur sein, les étoiles font de même avec, autour de chacune d'entre elles, un certain nombre de planètes en fonction de la quantité de matière qui « reste » à utiliser ; ainsi naquit l'emboîtement gigogne « Voie lactée, Soleil, Terre » il y aurait 4,66 milliards d'années. Or, trouvant apparemment dans l'eau (restée liquide) sur la Terre, les conditions adéquates pour se compliquer et s'organiser davantage, la matière inerte, il y a au moins 4 milliards d'années, se fait vivante ! Continuité de l'histoire, discontinuité de ses états et ajout d'un nouveau paradoxe au précédent : la vie en effet, étonnamment créative, ne s'en équipe pas moins du frein génétique. De plus en plus compliqué, mais de mieux en mieux organisé, voici ce nouvel état où la matière extrêmement plastique se trouve contrainte de respecter les règles d'un ADN de garde !

Et le monde vivant s'en donne à cœur joie, se multiplie et se diversifie, dans l'eau et puis sur terre, et puis dans l'air, changeant sans cesse pour s'adapter aux milieux auxquels il est lié et qui, bien sûr, changent eux-mêmes. Il tisse ainsi un arbre généalogique d'une très grande générosité au sein duquel se détache, il y a 10 millions d'années, en Afrique tropicale, la branche qui va nous porter, nous les préhumains, puis les humains, les hommes préhistoriques et les hommes d'aujourd'hui. Et puis, trouvant dans l'accroissement de son cerveau l'adaptation adéquate à un nouveau changement climatique, il n'y a cette fois qu'à peine 3 millions d'années, le préhumain se fait homme (on en parlera mieux dans le chapitre 3). Devenu pour la première fois conscient de son état (d'ailleurs nouveau), capable d'anticiper des situations, l'homme ajoute un nouveau paradoxe aux deux précédents dont il ne se débarrasse pas pour autant : il devient étonnamment libre, mais, tout aussi étonnamment, responsable, y compris de sa propre liberté. *Mes textes parleront parfois de 3 ou 4 millions d'années pour l'homme ; 2,7 à 2,8 millions d'années semblent une estimation chronologique plus raisonnable. Mes textes parleront aussi souvent d'outils taillés de plus de 3 millions d'années par des australopithèques. La question de l'âge des premières pierres aménagées comme celle de l'identification de leurs artisans n'ont pas été encore véritablement tranchées* (on en parlera dans le chapitre 4).

L'homme, incontestablement africain des tropiques, devenu plus cérébré par adaptation et, donc, plus réfléchi et plus curieux, plus carnivore par nécessité alimentaire dans un pays moins riche en végétaux, et donc plus mobile et moins inféodé à une niche écologique étroite, mieux équipé grâce à ses inventions d'armes et d'outils qui prolongent désormais son corps et, donc, plus dissuasif, plus conquérant et mieux à même d'exploiter ses environnements, va bouger tout de suite et il va le faire d'autant plus volontiers que la réussite de son adaptation a dû être à l'origine d'un certain accroissement de son effectif.

Dès 2,5 millions d'années, voici notre premier homme sur les routes du reste de l'ancien monde d'abord, l'Eurasie, puis du nouveau (on le suivra dans le chapitre 5). Les territoires sont immenses et, pendant longtemps et sûrement souvent, les populations humaines ne seront pas démographiquement suffisantes pour maintenir entre elles le flux génétique susceptible de maintenir leur homogénéité. D'où l'émergence de l'homme de Neandertal, de l'homme de Java, de l'homme de Flores, de l'homme de Denisova et sûrement de beaucoup d'autres aux abords de la sapientisation croissante du courant qui, à terme, prévaudra.

Au bout de cette introduction, à quelle place nous apparaît donc l'homme ? À une toute petite place dans un monde vivant à l'imagination extravagante, sur une planète moyenne, d'une étoile moyenne d'une galaxie parmi des milliards, et à une place immense dans l'histoire d'une matière dont il représente le contenant de l'état le plus compliqué qui soit après plus de 13 milliards d'années de transformation !

* *
*

L'épopée du monde

Quel mythe aurait osé raconter ainsi pareille histoire, celle d'une matière curieusement appelée inerte, qui se serait faite vivante puis pensante en une vingtaine de milliards d'années[1], dans un Univers agité jusqu'à la folie ?

Notre planète, sans en avoir l'air, se déplace au moment où vous voulez bien me lire, à plus de 100 000 kilomètres à l'heure autour du Soleil qui, situé sur l'un des bras de notre galaxie, tourne lui-même dans l'espace à la vitesse de 1 million de kilomètres à l'heure, l'ensemble se dirigeant deux fois plus vite encore vers cette région de l'espace que l'on appelle non sans humour « grand attracteur ». La plus extravagante des fictions se serait en effet immédiatement vue débordée par la seule et simple observation de la réalité.

C'est cette observation du monde, la façon dont il s'est formé et la manière dont il fonctionne – que l'on appelle la science – que Françoise Le Guénédal a choisi de nous décrire ici pour le plus grand de nos étonnements.

Mais pourquoi sommes-nous donc étonnés ?

Sans doute d'abord à cause des échelles, l'échelle du temps bien sûr, cosmique et géologique, immensément

1. 13,7 milliards d'années est la date désormais retenue.

longue par rapport à celle d'une vie d'homme, échelle de ce que l'on nomme aussi, et ce n'est pas innocent, l'« infiniment petit » et l'« infiniment grand ». Dans chaque noyau microscopique de chacune de nos cellules, chacun de nos 46 chromosomes compte 3,5 milliards d'atomes. Il y a 150 milliards de soleils dans la Voie lactée, une galaxie parmi les milliards de galaxies de l'Univers.

Notre étonnement vient aussi de cet emmêlement troublant de l'espace et du temps qui fait que l'on vieillit différemment dans un vaisseau spatial accéléré à une vitesse proche de celle de la lumière ou sur une planète. Espace-temps qui fait que le ciel que l'on admire toujours et que l'on adore parfois est fait d'objets d'aujourd'hui et d'objets d'hier témoins d'une réalité passée, dont les images, reflets d'il y a longtemps, très longtemps, pourraient fort bien nous être transmises si on savait les lire...

Notre étonnement vient encore de cette matière qui n'est pas tout à fait vivante lorsqu'elle s'entoure un jour d'une membrane donnant naissance par pure génération spontanée à une vraie cellule personnalisée, cellule qui va croître, se multiplier et couvrir la Terre d'individus, tous parents, mais tous différents, d'une incroyable inventivité.

Et notre étonnement vient évidemment de cette émergence curieuse, parmi toutes les formes vivantes, d'un être apparu il y a seulement 3 millions d'années, l'homme, chez qui libre arbitre et conscience se font jour pour la première fois, réduisant d'autant le rôle de la biologie au profit de la connaissance, l'homme qui perd ses instincts et gagne en dignité et qui, peut-on imaginer avec toutes les réserves consciencieusement répertoriées par l'auteur, s'engage dans les nouvelles conquêtes qui se présentent à lui, désormais en toute connaissance de vie, de Terre et de galaxie.

Tous ces étonnements sont ici à chaque page et Françoise Le Guénédal nous les offre avec l'enthousiasme qu'ils méritent et la passion qui est la sienne. [...] Comme elle, je ne me lasserai certainement jamais de m'éveiller émerveillé chaque matin du monde. C'est bien ce que je souhaite – et je n'ai pas d'inquiétude à cet égard – à tous les lecteurs de cette extraordinaire histoire.

Tout autour de l'Univers

Ma recherche, comme les écrits, les enseignements, les conférences qui en résultent, s'efforce de raconter, dans la perspective paléontologique, géologique, cosmique, la plus large possible, l'histoire des hommes et de leurs ancêtres [...] ; c'est donc là un discours qui m'est familier, même si, de temps à autre, une nouvelle approche moléculaire ou un nouveau reste fossile vient en modifier quelque détail.

Comment expliquer alors le plaisir que j'ai eu à lire ce livre d'Albert et de Jaqueline Ducros puisqu'il concerne précisément, dans la même perspective, les mêmes propos ! Sans doute parce que, dans un style particulièrement agréable que de nombreux encadrés colorent, il trouve le moyen d'apporter éclairage original et informations nouvelles.

Dès l'ouverture, on se trouve projeté dans le monde merveilleux des temps immensément lointains du début de notre Univers et dans le fascinant déroulement poétique du discours scientifique ; au commencement est un nuage, formé de grains de matière, résidus de mondes antérieurs ; le nuage tourne, et les grains s'agglomèrent ; naissent alors le Soleil et bientôt, déjà en orbite, neuf planètes. La Terre est l'une d'entre elles ; elle est en fusion, mais elle se refroidit bientôt, fabriquant croûte, atmosphère, océans. Et puis, de molécules simples en acides aminés, de protéines en acides nucléiques, on assiste à la complication de la matière qui consomme toute l'énergie qu'elle trouve, des sucres du dessous à la lumière du dessus ; l'hydrogène règne alors dans l'eau comme dans l'air, et les organismes naissants se décident à le consommer ; et l'oxygène qu'ils rejettent et qui va se constituer en ozone dans la haute atmosphère sera la première pollution du monde : enchaînement heureux, en fait, puisqu'il va curieusement rendre possible la vie hors de l'eau, et l'on voit déjà, au bout de la longue route, remplie d'extraordinaires inventions et d'innombrables embûches, poindre, sans changer les règles du processus, l'homme, comme une étape parmi d'autres. Une est la vie, universelle est sa structure ; du procaryote à nous, se déroule ainsi l'histoire, avec, à chaque carrefour, une orientation que guident en même temps l'aléatoire et l'événementiel, l'extraordinaire malléabilité de la vie et les limites que lui donnent ses programmes génétiques.

Le territoire de l'homme atteint, les Ducros vont se livrer à un véritable ballet, efficace et élégant ; ils vont en effet réaliser le tour le plus complet possible de ce terrain qui est le nôtre, tout en alternant segments d'histoire et méthodes pour les éclairer. Entre l'enchaînement des primates et la mise en place des préhumains et de leurs sites, on apprendra ainsi pourquoi la savane a fait l'homme nu et gras, et la bipédie, la colonne vertébrale sinueuse, les fesses développées et le gros orteil élastique. Entre le premier homme et le second, on verra vivre les derniers de nos contemporains chasseurs-collecteurs, les Kung, et certains de nos cousins anthropoïdes, les chimpanzés, et interpréter les données recueillies à cette occasion pour une projection sur ces temps où l'homme devait pratiquer tour à tour cueillette, charognage et prédation pour se procurer une alimentation devenue difficile. Avant *Homo erectus*, seront exposés les divers degrés de la communication en fonction des équipements naturels et des messages à transmettre ; après *Homo sapiens*, la riche diversification des hommes, de leur taille et de leur poids, de leur peau et de leurs poils, de leurs antigènes et de leurs anticorps. Un beau plaidoyer sur l'évolution et son fonctionnement ouvrira enfin sur d'autres facettes de la diversité des hommes, celles de leur adaptabilité et de ses limites.

Albert et Jaqueline Ducros nous proposent ainsi une extraordinaire promenade de milliards d'années, simple parce qu'elle est logique et logique parce qu'elle est, avec beaucoup de bon sens, alimentée sans cesse par des emprunts aux disciplines qui conviennent et qui sont toutes un peu les leurs. Paléontologie, paléoanthropologie, préhistoire, éthologie, ethnologie, anthropologie, biologie, génétique, histoire des sciences sont en effet convoquées, ensemble, par groupes, ou séparément, chaque fois que leur apport est susceptible de faire plus aisément franchir à l'histoire une étape nouvelle. Et l'actualisme de l'éthologie, de l'ethnologie, de la biologie, de la génétique éclaire le passé, tandis que le passé de la paléontologie, de la paléoanthropologie, de la préhistoire éclaire l'actualité. [...]

Pour un curieux, Claude Faure

Déclarer que l'homme est un être vivant ne surprendra personne ; dire que, dans l'état actuel de notre savoir, la vie n'est à coup sûr connue que sur la Terre n'est pas original non plus ; rappeler que la Terre est une planète parmi d'autres d'un système que l'on appelle solaire et que ce système fait partie d'une galaxie qui porte le joli nom de Voie lactée est désormais banal ; déduire par suite que la Voie lactée fait partie de l'Univers est une évidence. Et on a là déjà, pourtant, tous les éléments pour commencer à construire une drôle d'histoire.

Donner 3 millions d'années à l'homme, 4 milliards d'années à la vie, 4,6 milliards d'années à la Terre et au Soleil, 15 milliards à cet univers-là que l'on appréhende fait déjà plus rêver et complète le premier bouquet de données de base. Mais assurer que l'histoire de l'homme est une partie de l'histoire de la vie, l'histoire de la vie une partie de l'histoire de la Terre, l'histoire de la Terre une partie de l'histoire du système solaire, de la Voie lactée et de l'Univers permet d'enchaîner en déduisant que l'histoire de l'Univers englobe naturellement celle de la Terre qui englobe celle de la vie qui englobe celle de l'homme ; l'ensemble de ces histoires se comporte alors comme une seule et même histoire, celle d'une matière qui va se compliquant et s'organisant d'inerte en vivante et de vivante en pensante.

C'est ce pas-là qui a, à juste raison, émerveillé Claude Faure et qui l'a incité à en parcourir l'incroyable chemin pour en communiquer toute l'extravagance et l'enthousiasme qu'elle suscite. Il faut l'en féliciter, car ce n'est que cette perspective qui peut autoriser à mettre l'homme à sa place et à réduire ainsi, autant que faire se peut, son angoisse existentielle inhérente à sa conscience réfléchie.

L'homme est tout petit, être vivant parmi des milliards d'autres, sur une planète moyenne d'une étoile moyenne d'une galaxie qui ne se distingue en rien des milliards d'autres. Et l'homme est immense, réceptacle unique, dans l'état actuel de notre connaissance, de l'état le plus compliqué qui soit de la matière, qui a su troquer ses instincts contre un bien étrange caractère, la liberté, laquelle liberté, si elle est responsable, s'habille elle-même de dignité.

Saluons l'effort de l'auteur de s'être efforcé de faire passer ce message d'espoir et de progrès, plus magique que n'importe quelle fiction, avec toute la compétence qui est la sienne et toute la fougue qui l'habite. Grâce à son initiative, à son texte et à son illustration beaucoup de lecteurs se réconcilieront avec le passé, le monde, la nature et leur propre existence. La plus belle histoire du monde est aussi celle de chacun.

Pour un poète, Geneviève Laporte de Pierrebourg

Mais que peut donc dire un paléontologue, au terme d'une présentation si élégante des choses, des êtres et de leurs émotions, après son passage au travers du filtre (on pourrait tout à faire dire philtre) de la pensée de Geneviève Laporte ? Sans doute tenter d'y apporter, en contrepoint, la rude note de la description du monde et de son fonctionnement tels que la science les énonce aujourd'hui, en espérant que l'évocation de l'Univers et de ses galaxies, celle de la Terre et de ses roches, celle de la vie et de ses inventions, celle encore de l'homme et de ses découvertes apportent en elles-mêmes suffisamment de rêves pour être à la hauteur de l'hommage que le postfacier aimerait rendre à l'œuvre du poète.

On ne remonte, pour le moment, Geneviève, qu'à 15 milliards d'années pour raconter l'Univers qui, de quarks en nucléons puis en atomes, de galaxies en étoiles puis en planètes, va se compliquant et s'organisant *au sablier du temps*. Ah ! si j'avais là un microscope, Geneviève, et si vous m'y autorisiez, je vous montrerais, sur votre propre corps, les atomes qui sont la preuve que vous descendez bien, qui oserait en douter, des étoiles.

> […] *La matière effrayée d'être et de n'être pas*
> *découvre dans le tumulte des quanta*
> *le flux qui sans cesse l'engendre* […]
> […] *Bételgeuse a nom mon attente*
> *la polaire Étoile fixe ma lassitude*
> *Vénus flamboie au ciel de l'insomnie* […]

La Terre, Geneviève, n'a que 5 milliards d'années, d'ailleurs même pas, 4,59 milliards dit-on, comme le Soleil, notre étoile, ou comme la Lune que vous aimez tant.

> *Ciel clair*
> *Nuages en farandole*
> *Qu'entraîne la lune folle* […]

Si vous saviez, Geneviève, comme elle a eu de la chance cette Terre : comme elle avait une masse suffisante et qu'elle n'était ni trop loin, comme Mars la glacée, ni trop près, comme Vénus la brûlante, de son Soleil, elle s'est en effet offert le luxe de garder tout autour d'elle son atmosphère et tout dedans son eau ; et son air, son eau, ses cailloux ne sont que molécules, combinées, associées, enchaînées, comme votre corps, Geneviève, si vous m'autorisez encore à le regarder par le petit trou de ma serrure microscopique, car vous êtes aussi, bien sûr, fille de la planète et de la Voie lactée, sa galaxie.

[...] *Sous mes pas une pierre a roulé*
ronde de millénaires lisse
frangée par l'écume immobile de l'océan tertiaire [...]

Un beau jour d'il y a 4 milliards d'années, Geneviève, peut-être bien 4,2 milliards d'années d'ailleurs, au fond de l'eau, les plus grosses de ces molécules en tout petits paquets ont eu l'idée étrange de s'entourer de membranes, et du même coup, d'échanger matière et énergie entre elles, et de se diviser, en d'autres termes de vivre. Et je peux cette fois troquer mon microscope électronique contre un simple microscope optique ou une loupe binoculaire pour retrouver partout sur votre corps, Geneviève, la jolie marque de ce grand moment, des cellules et même des cellules tissées en tissus. Ce sera le début d'une flamboyante histoire d'une extraordinaire créativité que vous ne cessez de chanter, depuis les arbres, les fleurs, les fruits et les champignons, depuis la forêt, qui est chez vous partout, et partout chez vous, depuis les papillons et les abeilles, les grillons et les mouches, les cigales et les fourmis, depuis les batraciens, les petits reptiles d'aujourd'hui ou les grands d'hier, jusqu'aux oiseaux, la tourterelle, le hibou, la buse ou les perdreaux, et tous les mammifères de la terre, les lièvres, les lapins, les renards ou les blaireaux, et même les biches ou les taureaux.

[…] *les prairies saignent de coulemelles* […]
[…] *la cigale chante dans la maison* […]
[…] *la couleuvre s'endort dans son cercle de jade* […]
[…] *le musc du fourré dénonce le sanglier* […]
[…] *cent millions d'années vécurent les dinosaures* […]

Et de cette longue histoire d'un immense arbre généalogique, vous avez gardé en vous, Geneviève, le saviez-vous, l'organisation de l'insecte, le squelette du poisson, les poumons du batracien, la chaleur du mammifère et même, vous l'avouerai-je, le goût des fruits et l'irrésistible attrait des arbres des premiers petits singes, grimpeurs et gourmands ; le microscope ne sera plus nécessaire à ce nouveau stade de mon insolente auscultation, une radiographie et une respectueuse étreinte suffiront.

Il y a *3 millions d'années,* à leur tour, émergèrent de ce monde luxuriant de la vie, les *hommes,* dotés cette fois de la conscience qui fait le *mal d'amour,* et de l'outil que vous n'aimez pas bien.

[…] *les sillons mécaniques broient les champs* […]
[…] *le vitriol des roues défigure les sentiers* […]

L'homme, pourtant, a fait des merveilles, de pierre et puis de métal et même de béton *trop sonore* et d'acier ; il a peint aussi. Lascaux dont vous parlez, écrit de bien belles pages dont vous nous régalez, et le savez-vous, Geneviève, c'est le chien, le premier animal que, gratuitement, il a domestiqué ; je pense à *Elfi, Snoopy, Sidney…*

Il y a 12 000 ans, en effet, la tombe du chien fidèle jouxtait, au Proche-Orient, celle du maître défunt.

[…] *qui se pourrait aimer sans craindre le mot fin* […]

Geneviève, Geneviève, merci de nous avoir offert ce parfum de violettes ou des *derniers muguets,* le souffle du mistral et la fraîcheur d'octobre ; merci de nous avoir permis d'entendre les bruyères ou les pas dans la rue, les pleurs de la merlette ou le ricochet des cloches ; merci d'avoir bien voulu partager aussi des moments plus secrets, des douleurs plus intimes ; et merci, ô combien, d'avoir ainsi laissé au simple chercheur de passé que vous savez bien que je suis, trop libre plume pour si délicat recueil.

Le chaînon qui ne risque pas de manquer

Quelques collègues et moi-même n'allons pas tarder à annoncer une découverte paléoanthropologique importante : cet article est destiné à épargner aux futurs reportages les questions qu'à tort, habituellement, ils posent en de telles circonstances.

L'ÉPAISSEUR DU TEMPS

Il convient de prendre conscience de la mesure de l'épaisseur du temps. Ce n'est pas chose facile. Les premières traces de vie sur la Terre – et on ne connaît, pour le moment, la vie que sur la Terre – ont plus de 4 milliards d'années. Pendant 2 milliards d'années – la moitié du temps passé –, cette vie n'a été représentée que par des êtres aquatiques unicellulaires sans noyau. Pendant le milliard d'années qui a suivi, cet étonnant phénomène a considérablement progressé, en donnant le jour à d'autres êtres, toujours aquatiques, toujours unicellulaires, mais cette fois porteurs d'un noyau, porteur lui-même d'un code de transmission d'informations.

Au début du quatrième milliard d'années seulement – les trois quarts du temps étant alors écoulés –, apparaissent, toujours dans l'eau, les premiers êtres pluricellulaires[1], végétaux d'abord, animaux ensuite, et peu avant le demi-milliard d'années, parmi ces derniers et encore dans l'eau, les premiers êtres à squelette interne. Puis il faudra attendre la date de 400 millions d'années pour voir des plantes d'abord, des invertébrés ensuite, des vertébrés enfin, s'approprier les terres émergées – il n'y a donc eu « personne » sur les continents pendant plus de 3,5 mil-

1. 2 milliards d'années est la date aujourd'hui proposée pour les premiers « pluricellulaires ».

liards d'années alors qu'étaient peuplés les mers, les lacs et les rivières.

Certains de ces vertébrés, qui nous intéressent au premier chef, puisque nous faisons partie de cet embranchement, sont alors passés par des plans d'organisation ou stades successifs, que l'on nomme batraciens, reptiles et mammifères, et la plupart de ces derniers, depuis 200 millions d'années, par des stades successifs, ovipares puis vivipares (ou placentaires). Parmi les mammifères placentaires, les primates ou singes se sont différenciés vers 70 millions d'années, les primates supérieurs ou singes supérieurs vers 40 millions d'années et les primates supérieurs de la famille des hominidés – famille dans son acception la plus étroite – entre 8 et 12 millions d'années.

NOTRE « FAMILLE »

Cette famille – la nôtre – est, rappelons-le, aussi de naissance unique, certainement tropicale, et probablement africaine ; c'est sur ce continent qu'elle a vécu pendant des millions d'années en agrandissant peu à peu, mais très modestement, son territoire ; c'est sous cette forme préhumaine aussi qu'elle a, vers 3,5 millions d'années, en inventant le premier outil fabriqué[1], inventé la culture et, vers 3 millions

1. 2,6 millions d'années est la date retenue aujourd'hui.

d'années, donné naissance aux humains. Ces derniers, au cerveau plus gros, à l'alimentation plus variée (ils sont omnivores), à l'équipement plus diversifié, deviennent pour toutes ces raisons plus curieux, plus mobiles, de plus en plus réfléchis, de mieux en mieux adaptables, et ce sont eux que l'on va, pour la première fois, voir se déployer à travers toute l'Afrique d'abord, toute l'Eurasie dès 2,5 millions d'années ensuite, toute l'Amérique, l'Océanie et les îles du Pacifique à partir d'une centaine de milliers d'années enfin.

Les plus vieux outils de pierre taillée du monde ont plus de 3 millions d'années et sont africains ; les plus vieux outils de pierre taillée symétrique, plus de 1,5 million d'années ; les premiers feux maîtrisés, aux alentours du demi-million d'années ; les premières sépultures, aux alentours de 100 000 ans ; les premiers signes gravés ou peints sur des objets ou des parois, aux alentours de 40 000 ans.

Ce cadre chronologique n'est évidemment destiné qu'à placer les limites temporelles de l'histoire naturelle et culturelle, telles qu'elles sont connues aujourd'hui. On peut toujours faire, à l'intérieur de ce cadre, bien des découvertes passionnantes, mais pas de récoltes qui en révolutionnent l'échelle ; pour ce faire, il faut disposer de découvertes largement à l'extérieur du cadre.

L'ANCÊTRE COMMUN

Dans un passé très proche, on a entendu parler, par exemple, du « premier » Européen de 500 000 ans en Grande-Bretagne ou du « berceau » asiatique de l'humanité de 1,8 million d'années en Indonésie. Le fossile britannique et les datations javanaises étaient tout à fait importants, mais leurs implications prétendument spectaculaires, erronées : elles étaient l'exemple même de la profonde méconnaissance, par beaucoup, des étalonnages temporels très fiables que la géologie nous a offerts depuis pourtant déjà bien des années.

Dès le XVIIIe siècle, l'histoire de la vie s'est révélée à certains penseurs être l'histoire d'une filiation dotée d'une très grande plasticité et, par suite, d'une étonnante capacité de transformation. Deux siècles de recherches sont ensuite venus permettre à la paléontologie de découvrir les fossiles précisément au rendez-vous de cette hypothèse pourtant extravagante, de démonter certains des mécanismes biologiques qui réalisent ce transformisme et d'accrocher finalement, malgré bien des réticences que l'on comprend, l'homme au terme d'un des rameaux de ce même arbre, autrement dit de démontrer le phénomène de l'évolution.

Tous les êtres qui vivent aujourd'hui ou ont vécu depuis 4 milliards d'années appartiennent donc à un seul arbre généalogique ; au bout d'une de ses branches ayant atteint l'an 1995[1], apparaît l'homme ; au bout de la branche la plus proche, apparaît le chimpanzé. Il suffit donc de descendre le long de ces deux branches pour retrouver, dans un passé que l'on a situé entre 6 et 12 millions d'années, la fourche de ces deux branches, autrement dit un ancêtre commun, l'ancêtre que partagent l'homme et le chimpanzé.

Lorsque les naturalistes du siècle dernier ont déclaré que l'homme, incontestablement proche du chimpanzé, descendait du singe, bien des gens ont remplacé singe par chimpanzé, et chimpanzé par ancêtre ; et bien des scientifiques, pris au même piège, ont, à partir de ces déclarations, tenté de découvrir le chaînon intermédiaire entre l'un, l'ancêtre, le chimpanzé, et l'autre, le descendant, l'homme. Et c'est alors qu'est né ce mythe du « chaînon manquant » qui nous empoisonne l'existence depuis ; car ce chaînon-là, bien évidemment, n'existe pas.

La paléontologie, dont la fonction est de reconstituer l'histoire de la vie, donc de reconstituer son arbre « généalogique » et les enchaînements de chacune de ses branches, découvre, c'est certain, un chaînon qui manquait chaque fois qu'elle découvre un fossile nouveau. Mais, entre deux êtres contemporains dont les racines généalogiques plongent dans le temps, il ne

1. L'article date de 1995, d'où le choix de cette date.

peut pas par définition exister de liens directs et, par suite, de chaînons.

Chers amis lecteurs, souvenez-vous donc bien, lors de l'annonce du prochain fossile, que, s'il est nouveau, c'est bien sûr *un* chaînon qui manquait, mais que ce ne peut être *le* « chaînon manquant ». S'il s'agit d'un homme et qu'il n'ait pas plus du 100 000 ans en Amérique, de 2,5 millions d'années en Eurasie, de 3 millions d'années en Afrique, s'il s'agit d'un hominidé et qu'il n'ait pas plus de 12 millions d'années, s'il s'agit d'un hominoïde et qu'il n'ait pas plus de 40 millions d'années, s'il s'agit d'un mammifère et qu'il n'ait pas plus de 200 millions d'années, etc., sachez qu'il ne s'agit pas de la découverte qui va révolutionner *toute* l'histoire telle qu'elle avait été précédemment comprise, comme il est malheureusement annoncé à chaque fossile nouveau.

Chaque nouveau témoin retrouvé au creux des formations géologiques n'a besoin ni de record d'ancienneté ni d'assimilation au « chaînon manquant » pour prouver l'intérêt immense de sa conservation, de sa découverte et de son interprétation. Son histoire est suffisamment merveilleuse en elle-même.

Le chaînon qui ne risque décidément pas de manquer

Un peu irrité par la confusion dans les âges des êtres et des choses et le « canard » du chaînon manquant, que beaucoup souhaitent encore trouver entre le chimpanzé et l'homme (alors que bien sûr il n'existe pas là), j'ai tenté de mettre les dates en ordre et de tordre le cou audit « canard ». Je n'avais pas tout à fait tort puisqu'un sous-titre rajouté (*cf.* « Le mythe du chaînon manquant », *Opinions* du 13 juillet 1995) m'a trahi : je souhaitais précisément démontrer le contraire, mais par manque de clarté je n'y suis visiblement pas bien parvenu[1].

Je dois donc absolument reprendre la plume, et c'est avec bonheur que je le fais, pour bien préciser aux lecteurs du *Figaro* que je ne tiens pas l'homme pour un descendant des chimpanzés, ni d'ailleurs pour un descendant ordinaire des primates.

Je voudrais redire d'abord, plus clairement, que la branche de l'arbre phylétique (généalogique) qui porte aujourd'hui les chimpanzés a dû se séparer de celle qui porte aujourd'hui les hommes entre 6 et

1. Allusion à un article précédent, destiné à montrer qu'il n'y avait pas de chaînon du tout entre le chimpanzé et nous ; voir le sous-titre dans les *Sources* en fin de chapitre !

12 millions d'années (8 pour moi) avant notre époque ; il n'y a donc bien aucun chaînon entre les chimpanzés et les hommes, les premiers n'ayant jamais été à l'origine des seconds. Mais que des chaînons manquent entre les hommes d'aujourd'hui, d'une part, et entre les chimpanzés d'aujourd'hui, d'autre part, et les ancêtres d'il y a 6 à 12 millions d'années (toujours 8 pour moi), que les uns et les autres partagent, c'est une évidence.

Mais mon propos d'aujourd'hui est autre.

Il est vrai que ma grand-mère (maternelle), il y a longtemps, m'avait dit, très solennellement : « Je n'entends pas tout ce que tu déclares, ni ne lis tout ce que tu écris, mais j'ai quand même parfois l'occasion de t'entendre et de le lire ; alors je voudrais te dire une chose : si toi, mon petit-fils, tu descends du singe, moi, ta grand-mère, je n'en descends pas. »

UN MÊME ARBRE GÉNÉALOGIQUE

Cette réflexion, je dois dire, m'a beaucoup marqué ; je ne suis, en effet, pas parvenu à la convaincre du contraire et je me suis demandé longtemps pourquoi. C'est aujourd'hui cette réponse, que j'aurais dû lui faire, que je confie au *Figaro*, puisque ma grand-mère, hélas, a disparu de ce monde il y a déjà bien des années.

Il ne fait plus de doute, pour aucun biologiste, que l'homme descend du monde animal et que, d'ailleurs, tous les êtres vivants participent du même immense arbre généalogique. Nous sommes autant les cousins des virus et des bactéries, des brins d'herbe et des oursins, que ceux des biches et des chimpanzés ; les degrés de parenté seuls diffèrent. Il est pourtant tout à fait évident pour quiconque que l'homme a su développer une vie morale, spirituelle, intellectuelle, technique, qui l'a peu à peu démarqué sans ambiguïté de ses ascendants et de son cousinage. Que s'est-il donc passé entre la matière vivante et instinctive des plus anciens de nos ancêtres et la matière pensante et responsable qui désormais nous habite ?

Il s'est passé, entre 3 et 4 millions d'années, une bienheureuse conjonction [...] entre l'émergence de deux aptitudes, l'une mécanique – des mains de plus en plus libérées de leur rôle locomoteur –, l'autre électrique – un encéphale de mieux en mieux engagé dans une réflexion consciente –, ces deux aptitudes étant d'ailleurs très probablement liées.

Qu'en est-il résulté ? Un nombre impressionnant de comportements nouveaux. L'idée de changer la forme d'un caillou ou d'un morceau de bois pour le rendre plus efficace dans la fonction à laquelle on le destine ; l'idée de se poser pour la première fois la question de sa nature, de son origine et de sa destinée, l'idée d'en rêver en regardant le ciel, l'idée d'en rire en se regardant soi-même, l'idée de s'en émouvoir en regardant les autres ! En d'autres termes, la conscience, et la connaissance qui en résulte, va ainsi peu à peu, de manière d'ailleurs très insidieuse, répondre aux sollicitations naturelles avant que le corps n'ait le temps de s'exprimer, et ainsi peu à peu rendre inutiles les instincts et possible le libre arbitre. Mais, avec la liberté, de façon indissociable, se développent la responsabilité, et ce couple tout neuf qui va faire la puissance et la dignité de l'homme le distinguera du reste du monde vivant et le dotera des lourdes obligations éthiques et morales, des riches dimensions spirituelles et religieuses, des gourmandes exigences esthétiques et intellectuelles.

UN KILO DE SILEX...

La préhistoire nous montre de manière spectaculaire cette montée de la technologie, de la pensée symbolique, de la durée des projets et, par voie de conséquence, de l'élargissement de la liberté ; avec 1 kilo de silex, l'homme de 2 millions d'années réalisait 10 centimètres de tranchant utile, celui de 500 000 ans, 40 centimètres, celui de 50 000 ans, 200 centimètres, celui de 20 000 ans, 2 000 centimètres ; l'homme de 2 millions d'années inventait des formes pour une utilisation immédiate, celui de 500 000 ans les préconcevait pour un usage dans les semaines ou les mois à venir, celui de 50 000 ans inhumait certains de ses morts de manière à leur faciliter le voyage pour un autre monde, quant à celui de 20 000 ans, il projetait sur des objets mobiliers ou des parois immobilières certaines de ses idées et il le faisait de telle manière que ces projections, que l'on nomme aujourd'hui gravures et peintures, durent...

La réponse à ma grand-mère aurait dû s'élaborer d'elle-même ; si, bien sûr, nous descendons du monde animal, et au-delà de lui du monde vivant tout court, de la matière inerte de la Terre et de celle des étoiles ; mais l'homme, incontestablement, par le développement de son encéphale et l'apparition de sa conscience, a inventé l'environnement culturel qui a fini par circonvenir l'environnement naturel et par nous donner notre liberté et notre responsabilité à la fois puissantes et fragiles ; la main que la paléontologie, la préhistoire et la biologie nous font tendre au passé animal ne réduit en rien notre dignité ni notre nature bien particulière : celles-ci se sont construites au fil de nos efforts à réfléchir, à apprendre, à retenir et à enseigner ce que nous avions acquis.

Tout au long de la vie

De la bactérie à Lucy, des premières traces de la vie aux premiers signes de la conscience, n'est-ce pas la plus extraordinaire histoire que l'on puisse raconter ? Depuis 4 milliards d'années, en effet, la matière, nourrie du temps, n'a curieusement jamais cessé, sur la Terre, de s'organiser et de se compliquer.

Cette histoire a de quoi surprendre et, depuis deux siècles, elle étonne au point qu'elle n'est pas encore parvenue à convaincre tout le monde : « Toi, tu descends peut-être du singe, mais moi, pas », m'a dit un jour ma propre grand-mère.

Songez qu'il y a 5 milliards d'années, ce n'est qu'un banal nuage de poussière qui s'est formé dans un coin de l'Univers ; mais il se trouve qu'en quelques centaines de millions d'années, ce nuage-là s'est durci, modelé, structuré en une petite boule, d'ailleurs brûlante ; agitée par un incroyable dégazage, peu à peu la petite boule s'est refroidie, l'atmosphère, installée, sa vapeur d'eau, condensée, l'hydrosphère, remplie. Et c'est précisément dans l'eau de ces océans tout neufs, entre les feuillets des toutes premières argiles, que les molécules chargées d'atomes de carbone, se sont rencontrées, unies, organisées en chaînes, en systèmes, en cellules, autrement dit en entités capables de se diviser, d'échanger avec le milieu matière et énergie et d'entretenir relations et interactions entre elles. Quelques cellules de quelques microns de diamètre sont venues jusqu'à nous de ces années-là, transportées dans des quartzites du Groenland, du Swaziland, d'Afrique du Sud. À côté de ces objets microscopiques, de plus en plus proches de la vie, apparaissent bientôt des algues aux filaments si longs que leur accumulation formera les charbons de Karélie et des bactéries aux sécrétions si importantes que leur empilement construira les récifs du nord de l'Australie et de l'est du Groenland. Ces cellules, déjà remplies d'une extraordinaire énergie de prolifération, vont en outre se doter d'une structure nouvelle, le noyau, gardien des messages de reproduction, et puis s'associer, se spécialiser et constituer du même coup des entités à cellules multiples. Et pendant ce temps, alors qu'elles ont d'abord et longtemps tiré l'énergie qui leur était nécessaire des sucres de leur milieu aquatique par fermentation, nos cellules ont appris à capter, cette fois, l'énergie du soleil par respiration, sans production d'oxygène d'abord, puis avec production de ce déchet qui deviendra en fait, à partir de 400 millions d'années, le principal facteur qui autorisera le développement de la vie hors de l'eau. Du petit bout de notre lorgnette, ces étapes semblent simples ; il faudra tout de même plus de 3 milliards d'années pour passer des procaryotes aux eucaryotes, des unicellulaires aux multicellulaires[1], des cyanobactéries d'Isua aux méduses et aux vers d'Ediacara ; et nous avons déjà dépensé, sans qu'il y paraisse, 80 % du temps que nous nous sommes proposé de décrire.

Et pourtant les 20 % qui nous restent sont remplis d'une extraordinaire inventivité, à la fois réglée et souple, délirante et raisonnée, fantaisiste et ordon-

1. Peut-être 2 milliards d'années seulement.

née ; c'est, dès le cambrien, l'explosion des invertébrés, éponges, coraux, brachiopodes, trilobites, mollusques, oursins et déjà chordés, à l'ordovicien, l'apparition des premiers vrais vertébrés, au silurien, celle des premières plantes terrestres, au dévonien, celle des premiers vertébrés pulmonés. Au carbonifère, la flore se fait luxuriante et, à son ombre, se développent les insectes, les amphibiens, les reptiles ; au permien, ces derniers amorcent leur extravagante diversification du secondaire avec les premiers sauriens et les premiers reptiles mammaliens ; au trias, en effet, on peut déjà parler de dinosauriens et de mammifères, tandis que les ammonites amorcent leur invasion des mers. Les premiers poissons téléostéens modernes complètement ossifiés naissent au jurassique, les plantes à fleurs et les premiers mammifères placentaires au crétacé. L'épanouissement des mammifères, quant à lui, et tout particulièrement celui des primates, conquérants des milieux arborés, caractérise les 65 derniers millions d'années, ce que l'on nomme le tertiaire et le quaternaire.

Dotés d'un meilleur cerveau, d'une meilleure vue, d'une vie sociale plus élaborée, les primates ne cesseront plus de développer curiosité, vivacité, expression, communication ; quant à Lucy, « cette petite flamme naissante et mutante, ce symbole de tous les âges », comme me la définissait un jour, dans un courrier, un directeur d'école, elle nous apporte l'avant-dernière image du film de la vie, celle qui précède immédiatement la nôtre. Démonstration du surprenant phénomène évolutif dans sa double locomotion, encore arboricole et déjà bipède, préfiguration du tout aussi étonnant phénomène culturel, dans ses aménagements de quelques pierres à éplucher[1], cette préhumaine d'Éthiopie, âgée de 20 ans et de 3 millions d'années, sans doute parce qu'elle est ancienne, petite, femelle, ancestrale et qu'elle porte un prénom facile à retenir, est en effet devenue « l'âme qui survole ces milliers de générations ». Elle appartient à ce groupe des australopithèques, nés dans la province biogéographique comprise entre la Rift Valley et l'océan Indien et que l'on appelle l'Afrique orientale, groupe qui, un jour, donna naissance aux hommes. C'est donc à partir de ce petit coin de terre que les hommes se sont déployés à travers le monde entier, l'Afrique d'abord, l'Eurasie ensuite, l'Australie, l'Amérique et les îles du Pacifique enfin. L'humanité, née de la matière il y a 4 milliards d'années, du monde animal, il y a 8 millions d'années, d'hominidés debout, déjà habiles, un peu pensants, il y en a 3 millions, a, depuis, conquis son libre arbitre. Grand-mère avait un peu raison. L'homme est digne, libre et responsable, mais elle avait un peu tort, il n'en descend pas moins de

1. Ces pierres ne sont plus attribuées à Lucy.

primates, de reptiles, de poissons, d'oursins et de bactéries...

Saluons au terme de ce prélude au plus merveilleux des récits, tous les organisateurs de cette belle entreprise. Est-il besoin d'ajouter combien je remercie le comité scientifique de l'exposition [...] de m'avoir invité [...] à participer à leur aventure, parler de milliards d'années dans une abbaye superbe qui est en mesure d'illustrer elle-même le dernier millénaire.

Les petits et les grands singes

J'ai toujours eu l'impression que l'on pourrait diviser les humains en deux catégories, ceux qui adorent les singes et ceux qui, pour les mêmes raisons, les détestent. Comme nous faisons partie, zoologiquement parlant, du même ordre qu'eux, nous sommes en effet tous fascinés par les ressemblances que nous renvoie l'observation de ces cousins, souvent grossies par un anthropomorphisme dont il est difficile de se soustraire. Et cela amuse ou gêne. Les auteurs, collègues ou élèves, tous amis de Jean-Jacques Petter, réunis par Arlette, sa femme, dans cet hymne somptueux à la gloire des primates, appartiennent évidemment en totalité à la première de ces deux catégories ; moi aussi !

Jean-Jacques travaillait donc à ce livre lorsqu'en 2002 il nous quitta. C'est à lui que revient la perspective historique de quelques centaines de millions d'années permettant, par-delà l'épopée des reptiles mammaliens et des tout premiers mammifères, de saisir le monde des primates dès son émergence aux confins du crétacé. On lui doit également le récit du déploiement de ces drôles de petits mammifères de leur continent euraméricain d'origine, avant l'ouverture de l'Atlantique Nord, vers l'Asie et l'Afrique, et puis, dès l'éocène, sur de probables radeaux de végétation, vers l'Amérique du Sud et Madagascar. Au fil de ses descriptions se dessinent d'ailleurs presque insensiblement traits ou tendances annonçant ce que seront bientôt ceux des préhumains et puis des humains : allongement des membres postérieurs, maturité tardive des jeunes et apprentissage plus long, dégagement progressif de la valeur individuelle et diversification des communications, entraînant respectivement station debout et bipédie, performances cérébrales et socialisation de plus en plus poussée. Passionnante est encore la partie que Jean-Jacques Petter a consacrée à la belle diversité des petits et des grands singes à travers les tropiques du monde entier, à leur répartition et à leur classification. [...]

L'univers des primates est par ailleurs beau, beau dans ses formes et ses couleurs, beau dans les gestes et les mimiques de ses membres, dans l'éclat de leurs regards, l'acrobatie de leurs déplacements, la gamme de leurs comportements. [...]

Les singes d'avant les préhumains

Comme nous sommes des êtres vivants, des eucaryotes, des métazoaires, des chordés, des vertébrés, des gnathostomes, des sarcoptérygiens, des tétrapodes, des amniotes, des synapsides, des mammifères, des primates, parler de notre histoire passe par l'examen, même rapide, de ces grands ensembles classificatoires gigognes ; c'est la raison pour laquelle Frédéric Serre et Dominique Grimaud-Hervé n'ont pas hésité, dans leur initiative éditoriale audacieuse, à consacrer d'entrée un volume entier non pas à l'ensemble de ces poupées russes, mais au moins à la dernière, à l'ordre des primates, depuis ses origines, aux limites du mésozoïque et du cénozoïque, il y a 60 à 70 millions d'années, jusqu'à ses confins avec notre propre famille (ou sous-famille), du miocène supérieur à aujourd'hui, frontière d'une petite dizaine de millions d'années.

L'histoire des primates est belle et compliquée, comme souvent, née d'une nécessité d'adaptation à un environnement arboricole et à une alimentation frugivore et joliment diversifiée, d'Euramérique en Asie et en Afrique et d'Afrique en Amérique du Sud et en Amérique centrale, avec, tout au long de ce parcours généreusement rempli de multiples inventions, des tendances communes au développement du système nerveux central et à tout ce qu'il induit, au développement de la vision en couleurs et en relief, au développement de la communication et à celui consécutif de la vie sociale et de l'organisation qui l'accompagne.

Et ce n'est pas parce qu'un beau jour nos destinées se sont séparées que l'on ne garde pas vers eux, plus spécialement d'ailleurs vers ceux d'entre eux qui nous sont les plus proches, un regard tendre et en permanence surpris – le syndrome du miroir. On les regarde en effet pour tenter d'imaginer nos ancêtres, ce qui n'est évidemment pas une démarche saine, sauf si ce regard est destiné à rechercher objectivement chez eux et chez nous les caractères partagés qui ont des chances d'être ceux hérités du même ascendant. On les regarde aussi pour tenter de comprendre les raisons pour lesquelles nous nous sommes levés, ce qui n'est pas plus sain, mais permet de noter les conditions dans lesquelles ce redressement s'est avéré utile : vigie, dissuasion, défense ou agression, transports d'objets ou de « petits ».

Mais cette fascination qui fait d'ailleurs qu'on est rarement indifférent aux singes – on les adore ou on les déteste – a naturellement son revers ; agacés d'être proches de ces grands primates, on a recherché avec autant de passion les caractères qui nous en distinguaient ; et on a vu s'aligner ainsi, avec plus ou moins de succès, les concepts d'intelligence, d'outils, de culture, d'organisation sociale, de partage, de rituel, de langage même ; et puis trop nues, il a fallu habiller ces notions pour pouvoir s'en servir ; alors on a dit : certaine intelligence, outils au second degré, culture largement transmise, langage articulé. Et la différence devint tellement d'ordre quantitatif que, par provocation, on a évidemment débouché sur les débats stupides actuels : le chimpanzé ne serait-il pas un homme ?

Toutes ces observations, quelque peu anthropocentriques, nous permettent consciemment de mieux nous persuader de notre proximité de parenté et, inconsciemment, de nous imprégner de la réalité du phénomène évolutif. Mais elles ne changent rien à rien. Notre famille et celle du chimpanzé sont incontestablement cousines avec un ancêtre commun de moins de 10 millions d'années, mais l'homme n'en reste pas moins le seul réceptacle d'un certain niveau de conscience, de ce que d'aucuns nomment l'esprit et d'autres traduisent en termes d'aptitude à discourir. Cela n'étant dit que pour justifier, s'il y avait eu nécessité, l'intérêt de cette grande tranche de primates avant de mordre dans celle des préhumains. […] C'est, à la série qui va s'y arrimer, une superbe ouverture et une solide mise en place et mise en perspective.

Avant et après le grand embranchement[1]

[...] L'histoire commence avec la recherche de l'ancêtre des ancêtres, celui du miocène d'Afrique ou d'Eurasie ; il y en a beaucoup, beaucoup trop même, mais leur brillante diversité a l'avantage de démontrer l'extraordinaire développement, sous la dépendance du climat, de l'ordre des primates à cette époque de leur histoire et la réalisation du même coup à plusieurs reprises du modèle « hominien de savane-grand singe de forêt » que nous allons rencontrer plus tard en Afrique tropicale. Puis un scénario est proposé pour expliquer la raison de l'établissement de cette dernière dualité, fondatrice de notre lignée ; la tectonique locale et ses conséquences climatiques et écologiques, s'ajoutant à un rafraîchissement global, auraient pu isoler la toute première population de nos ancêtres que l'on appelle d'un terme probablement un peu fourre-tout « australopithèques », dans un joli paysage boisé aux clairières en expansion. Bien des caractéristiques du corps qui est aujourd'hui le nôtre sont en effet des adaptations à cette vie nouvelle en milieu ouvert, héritées

1. Bouquet d'annonces, d'interprétations, d'hypothèses et de synthèses d'un chœur international de grandes signatures du monde de la paléoanthropologie, réparties tout au long des derniers numéros de *Pour la science* (1992-1998).

d'acquisitions d'il y a un peu plus ou un peu moins de 10 millions d'années.

S'ensuit, une série de portraits de ces préhumains ceux de l'orient de l'Afrique, les plus anciens, dont quelques-uns ont d'ailleurs été fraîchement mis au jour ou reconnus, mais aussi ceux du sud, les premiers découverts, et ceux de l'ouest, les derniers rencontrés. À ce niveau à nouveau se pose la question de la recherche de l'ancêtre, celui du genre *Homo* auquel nous appartenons, au sein d'une famille plus créative et plus largement répandue que certains ne l'avaient imaginée.

Mais, en dehors de cette quête de filiation, c'est l'ensemble de ces préhumains, ancêtres directs ou pas, qui se trouve être décortiqué, genre après genre, espèce après espèce, organe après organe et fonction après fonction ; les os, les dents, les moulages, les empreintes, la croissance et l'alimentation, les mouvements et les comportements sont examinés à la loupe ou au microscope électronique, déduits à la façon comparée traditionnelle ou à la façon expérimentale pionnière. La locomotion bipède, imprimée dès 3,5 millions d'années[1], peut être ainsi corrélée avec la restructuration de la dentition et la recherche de nourriture à plus grand apport énergétique, elle-même

1. 7 millions d'années est la date actuellement retenue pour une première bipédie « installée ».

corrélée à l'accroissement du cerveau en taille et en complexité ; la capacité du cerveau, méprisée par beaucoup, s'avère en fait être 50 % plus importante que celle d'un grand singe de même taille ; la microstructure de l'émail dentaire raconte, quant à elle, une croissance rapide, mais aussi une évolution du milieu de plus en plus ouvert. Et la prise en compte de tout ce milieu, ses ressources et ses dangers, de cette locomotion, de cette réflexion, de cet équipement dentaire et de ces exigences du rendement du métabolisme, conduit à considérer les derniers des préhumains et les premiers des humains [...] comme des chasseurs au petit pied mais de nobles charognards, habiles, rusés et terriblement opportunistes, conscients de leur force et de leur pouvoir de dissuasion mais aussi de leurs limites.

Et puis, de charogne en charogne, la multiplication des outils et de leurs types aidant, la douce croissance de la démographie aussi, les hommes vont se répandre insidieusement, jusqu'à la Méditerranée d'abord, à travers l'Eurasie ensuite, si insidieusement d'ailleurs que même les paléoanthropologues ne s'en sont pas encore rendu compte ! C'est aux *Homo erectus* que l'on prête en effet classiquement cette « initiative » ; comme les plus anciens des *Homo erectus* s'appellent désormais *Homo ergaster*, c'est à ceux-là que l'on confie maintenant les premiers exodes. Il faudra sans doute faire encore un effort et plonger moins frileusement dans le temps pour voir poindre les tout premiers peuplements. Mais n'anticipons pas sur les découvertes à venir ou simplement à reconnaître, ce n'est pas le rôle d'une préface.

Nous voici donc avec des hommes en Eurasie, il y a plus de 1 million d'années comme il est dit prudemment. Eh bien, ces gens-là, trop audacieux, vont se trouver isolés par la distance en Extrême-Orient et par l'eau en Extrême-Occident. En Europe, en effet, les périodes froides voient le glacier du nord-ouest rejoindre presque celui des Alpes tandis qu'en périodes moins froides, ce sont les mers Caspienne, d'Azov et Noire qui placent la barrière un peu plus à l'est ; de toutes les façons, les premières populations de notre péninsule se trouvent piégées et vont par suite s'y développer comme n'importe quelle forme vivante placée en situation d'isolement ; elles vont dériver génétiquement peut-être jusqu'à la spéciation et donner naissance aux étranges Neandertal.

Pauvres Neandertal, tellement décriés parce qu'ils n'étaient pas « beaux », qu'on est allé, il n'y a pas si longtemps, jusqu'à se poser des questions sur l'existence ou non chez eux de langage ! Les barrières géographiques qui ont donc été génétiques n'ont, en fait, curieusement, pas été culturelles du tout. Et ces Neandertal, fort cultivés, n'avaient rien à envier aux autres hommes qui s'étaient faits modernes, au Proche-Orient par exemple ou en Afrique du Nord.

Cette humanité particulière n'en est pas moins fascinante dans son originalité : les paléoanthropologues qui auraient le pouvoir de remonter le temps afin de réaliser quelques expériences – des manips, comme on dit –, celle d'isolement de petites populations humaines par exemple pour voir ce qu'en quelques centaines de milliers d'années elles deviendraient, n'auraient pu imaginer mieux que la fermeture, comme celle-ci, d'un bout de continent. On les a, du même coup, examinés à la loupe, ces Neandertal [...], de la présence au-dessus de l'inion d'une fossette jusqu'au « look » trapu avec des jambes courtes. On est même descendu dans les secrets de leur collagène et dans ceux de leur ADN (mitochondrial). L'azote 15 et le carbone 13 du premier ont dit qu'ils aimaient la viande comme de vrais prédateurs ; le décryptage des brins du second semble confirmer qu'ils ont réussi leur dérive au point d'être devenus vraiment des gens à part.

Mais voilà que l'homme moderne, n'y tenant plus, se remit en marche. Il peupla les terres d'Amérique, d'Australie, d'Océanie disponibles mais, à la faveur d'un interglaciaire, il déploya aussi ses forces sur l'Europe néandertalienne qui fut vite envahie. Peut-être mieux équipé, peut-être mieux organisé, ayant sans doute l'avantage du nombre, il finit au terme de quelques millénaires par y imposer sa présence exclusive ; et on l'appela Cro-Magnon. Certaines de ses armes sont étudiées ici, dans leur évolution intelligente vers plus d'efficacité, plus de commodité dans la manipulation, la réparation, la fixation. Certaines de ses peintures sont traitées aussi puisque ce sont des populations de son « espèce » qui, à certains moments, à certains endroits, ont inventé cette projection sur des objets mobiliers ou des parois immobilières de formes qu'ils avaient depuis longtemps en mémoire. C'est arrivé en Australie, en Afrique, en Europe et puis, plus tard, dans le monde entier. Ce sont les œuvres de ceux d'ici qui ont été plus spécialement examinées ; en dehors de l'extraordinaire qualité esthétique bien connue de certaines et du caractère codé de toutes, la compétence technique de leurs auteurs qui avaient songé par exemple à mêler aux pigments liants et charges pour mieux fixer et conserver ce qu'ils venaient de peindre, est particulièrement soulignée, sa mise en évidence étant devenue possible grâce à la précision récemment obtenue par les analyses de la peinture elle-même.

Superbe fresque donc des 20 derniers millions d'années de notre histoire, enrichie des données les plus récentes et de leurs interprétations les plus autorisées, cet ensemble d'articles ne peut que nous ravir et nous étonner. Raconter le passage du « proconsul quadrupède » et arboricole pour manger à l'homme de Cro-Magnon bipède et cavernicole pour communiquer représente toujours un discours extravagant auquel on peut comprendre que certains aient du mal à adhérer, tant la dimension du temps préhistorique est éloignée de celle du temps individuel et même du temps historique.

Beaucoup de discussions ont évidemment encore lieu à propos de beaucoup d'épisodes de cette histoire, comme le lecteur a pu le sentir ne serait-ce que dans les termes de ma propre préface, mais un nombre grandissant d'accords s'installent dans le récit de nos origines. Les grands singes, ancêtres de nos ancêtres, se multiplient sans que celui-là qui, un jour, a accouché de l'australopithèque ait été véritablement reconnu. Tous les primatologues n'en croient pas moins à cette filiation « hominoïdes tropicaux de l'Ancien Monde – hominidés tropicaux d'Afrique » – les australopithèques – sans savoir où elle s'est faite et pourquoi. Les australopithèques ancêtres se multiplient aussi et certains auteurs, dont je suis, commencent à bien identifier celui-là qui, un jour, a accouché de l'homme. Et les paléoanthropologues s'entendent sur cette idée d'une filiation « australopithèque *sensu lato*-homme » en Afrique et sur l'émergence de l'outil fabriqué dans ces temps-là. Tous s'entendent aussi sur l'exode de l'homme et sur le sens de cet exode, de l'Afrique à l'Eurasie et de l'Asie au reste du monde, mais hésitent sur la date du départ.

L'exception néandertalienne apparaît de mieux en mieux également à tous même s'il n'y a pas d'accord, là non plus, sur l'âge des commencements de sa dérive. Quant à l'homme moderne, on sait aussi de mieux en mieux qu'il n'est pas européen, mais le lieu et les circonstances de sa naissance restent voilés : *out of Africa, out of Asia, out of the Middle East*, né partout des précédents, issu d'une toute petite population rescapée de je ne sais quelle grippe... Son irruption récente en Europe paraît par contre désormais bien établie, de même que son aspiration nouvelle à peindre et à graver. Notre histoire, issue du monde animal et plus précisément du monde des singes, n'en demeure pas moins, pour tous, la merveilleuse histoire de l'émergence de la conscience et, avec elle, celle de la liberté et de son corollaire, la responsabilité – en d'autres termes celle de la dignité du genre humain.

Préhumains et humains

Le 12 septembre 1990, le Palais des Beaux-Arts de Bruxelles ouvrait ses portes au plus grand des sujets, celui de l'homme et de son histoire, nommé poétiquement l'« Aventure humaine » ; somptueuse exposition et copieux symposium y étaient inaugurés en même temps, l'une pour presque quatre mois, l'autre pour trois jours.

Le programme de cette réunion scientifique, qui se voulait à peu près parallèle au thème de l'exposition voisine, a été particulièrement vaste dans sa dimension chronologique : « 5 millions d'années », précisait le titre. La répartition géologique des communications a d'ailleurs bien répondu à cet appel puisque, des plus anciens des australopithèques aux plus récents des *Homo sapiens* fossiles, toutes les grandes étapes de la phylogénie des hominidés se sont trouvées abordées. En ce qui concerne la répartition géographique, l'accent a par contre été préférentiellement mis – spécialités des invités obligent – sur deux continents, l'Afrique et l'Europe, et sur la plaque tournante entre le premier et le second, le Proche-Orient.

Peut-être n'est-il pas inutile de rappeler ce que fut, dans ses grandes lignes, le déroulement de cette « aventure humaine », ne serait-ce que pour guider le lecteur. Cette vision sera évidemment la mienne, mais c'est après tout un privilège de préfacier que je n'ai aucune raison de ne pas utiliser.

Il y a plus de 5 millions d'années (et je déborderai ici le titre qu'il fallait bien arrêter à un de ces chiffres que l'on dit ronds), la famille des hominidés, la nôtre, se détache définitivement de ses racines animales et ceci se passe en Afrique orientale[1]. Des raisons d'isolement géographique, en l'occurrence tectonique, en sont la cause ; par sélection ou induction, les premiers

1. On parle aujourd'hui de 10 millions d'années et d'Afrique tropicale.

hominidés, ou australopithèques, s'adaptent à un milieu qui, de couvert, devient de plus en plus ouvert. Plusieurs communications vont décrire certains des comportements de ces préhumains, intermédiaires comme on pouvait s'y attendre, mais de manière particulièrement originale comme on n'aurait su l'imaginer, entre ceux des ancêtres quadrupèdes arboricoles que nous partageons avec les grands singes africains et ceux des bipèdes exclusifs que nous sommes devenus. Les australopithèques les plus anciens – ou du moins les plus complets parmi les plus anciens – se révèlent en effet tout à la fois déjà bipèdes et encore grimpeurs ; mais leur bipédie est encore maladroite et leur arboricolisme n'est plus si agile. Des raisons climatiques vont, il y a 3 millions d'années, susciter de nouvelles morphogenèses ; d'une des souches australopithéciennes dont on vient de parler va, en Afrique de l'Est, émerger l'homme. On l'appelle alors *habilis*, avant de le nommer *erectus*, puis *sapiens* ce qui n'a d'ailleurs pas beaucoup de sens puisque ces trois formes se succèdent de manière parfaitement continue. Une des caractéristiques de l'homme, son régime alimentaire omnivore, va le rendre plus mobile que son ancêtre et ceci va « immédiatement » le faire se déployer à travers le reste du continent africain d'abord puis, par le Proche-Orient, à travers l'Europe et l'Asie ; l'*habilis* s'érectisera et l'*erectus* se sapientisera partout où ils se trouveront. Une communication nous parlera d'*habilis* et de son passage graduel possible à *erectus*, plusieurs nous décriront *erectus* et beaucoup nous entretiendront de divers *sapiens*.

Mais l'Europe, déjà très péninsulaire en elle-même, s'étant comportée comme une île au fil de ses vicissitudes glaciaires, son premier peuplement humain s'est vite trouvé géographiquement et par suite génétiquement coupé de ses populations mères ; il s'est ensuivi une dérive que l'on pouvait dès lors attendre. L'*habilis* s'y est fait *erectus* un peu particulier et l'*erectus* un peu particulier, *sapiens* très particulier[1], phénomène que l'on appelle néandertalisation. Pur produit européen donc, même s'il reflue, à un époque relativement récente vers le Proche et le Moyen-Orient, Neandertal sera le propos de beaucoup de ces pages. Un nouveau déploiement humain d'origine sans doute encore africaine va couvrir et peu à peu remplacer en Europe le Neandertal, c'est celui de l'homme moderne, qu'on appelle souvent sur ce continent Cro-Magnon, du nom du site de sa première découverte ; quelques communications traiteront de lui et de son origine.

Deux communications enfin parleront un peu d'environnement dans le rapport de son évolution et de celle de l'homme.

---

1. La dérive néandertalienne a commencé à se manifester à partir d'*Homo erectus*.

Bien beau programme donc de paléoanthropologie que je dirais physique si je n'avais pas peur de faire un pléonasme, qu'encadrent une introduction rendant à juste raison hommage au rôle de premier plan de la Wallonie dans la naissance et le développement de notre discipline et un ensemble de quatre précieux articles constituant le livret-guide de l'excursion du symposium, illustrant les propos de l'introduction.

Je voudrais, moi aussi, pour finir, saluer avec respect la mémoire du docteur Philippe-Charles Schmerling, de Liège, « inventeur » il y a cent soixante ans du tout premier homme fossile de toutes les collections du monde, le Neandertal d'Engis. Je voudrais aussi saluer avec chaleur le professeur François Twiesselmann, professeur à l'Université libre de Bruxelles, pionnier d'une certaine paléoanthropologie statistique et le professeur Andor Thoma, professeur à l'Université catholique de Louvain, à qui, malgré les réticences liées à sa grande modestie, ce symposium était dédié. Je voudrais enfin saluer amicalement les artisans de ces deux événements appariés, l'exposition et le colloque, tous deux parfaitement réussis.

Enfin je n'oublierai pas notre pays hôte, la Belgique, qui offre à notre discipline, en cette circonstance, une belle fête rappelant son rôle dans son développement et rappelant l'extraordinaire rôle de l'Europe dans la paléoanthropologie et la préhistoire du monde.

Notre lignée

Préfacer les meilleurs auteurs en reprenant leurs propos me paraissant tout à fait inutile, il m'a semblé plus amusant d'ouvrir ce numéro de prestige, le cinquantième numéro hors série d'*Historia*, par une confession, la confession de la façon dont je vois, en ce bel automne 1997, l'histoire de l'homme.

Je situe toujours, pour le moment, la séparation à partir d'ancêtres communs, des grands singes africains et des hommes (et de leurs prédécesseurs respectifs immédiats) aux alentours de 8 millions d'années en Afrique orientale. En Afrique orientale, parce que les plus anciens des préhumains (ce que l'on appelle d'un titre fourre-tout les australopithèques) ont été trouvés là et jamais ailleurs, et aux alentours de 8 millions d'années, parce que les plus anciens de ces préhumains ont à peu près cet âge-là et que cet âge-là est précisément celui de l'isolement écologique de l'Afrique orientale, pour des raisons globales (la Terre frissonne et les tropiques sèchent) et locales (le *rifting* se réactive, entraînant effondrement et orogenèse). À l'orient et à l'ombre de la muraille s'élevant donc à l'ouest de la « grande faille », s'individualise ainsi notre berceau, la belle province de Zinj qu'occupent aujourd'hui l'Érythrée, l'Éthiopie, Djibouti, la Somalie, l'Ouganda, le Kenya, la Tanzanie. Comme on sait bien, en outre, que la spéciation est facilitée par l'isolement et que, dans cet exemple, l'isolement géographique, topographique et écologique de l'Afrique orientale est une réalité datée, les conditions sont réunies pour que s'y déroule l'*East Side Story*[1]. Dans un paradis terrestre de forêts, de savanes, arborées et de savanes claires, va se modeler le premier primate supérieur debout.

La tendance à l'assèchement ne va plus cesser parce que la Terre ne va plus se réchauffer, mais cette tendance ne progressera que par paliers de plus ou moins grande intensité. C'est vers 4 millions d'années que se manifeste le palier suivant ; la savane confinée dans la province est-africaine va en effet en sortir, réduisant et auréolant la forêt équatoriale désormais lovée autour du golfe de Guinée. Conséquence interne ; une dichotomie se dessine dans le berceau, une branche grimpe toujours et marche tant bien que mal dans les régions restées boisées : c'est *Australopithecus afarensis* (Lucy) aux membres inférieurs instables et supérieurs solides ; l'autre ne grimpe plus et marche mieux dans les paysages plus découverts ; c'est *Australopithecus anamensis* aux membres inférieurs solides et supérieurs instables. Conséquence externe ; les préhumains se lancent, grâce à leur milieu qui s'étend, dans leur première expansion ; on va les retrouver dès

1. Cette hypothèse que j'ai proposée en 1982, écologiquement confirmée, a été géographiquement infirmée.

3,5 millions d'années à 3 000 kilomètres au sud, c'est l'*Australopithecus africanus* du Transvaal et, à 3 000 kilomètres à l'ouest, c'est l'*Australopithecus bahrelghazali* du Tchad.

Vers 3 millions d'années, même un peu avant, un nouveau palier survient, très rude celui-là, très éprouvant. Toutes les espèces animales accusent le coup transformant qui une dent, qui une patte, certaines s'en allant, d'autres arrivant ; deux réponses se font alors entendre dans notre famille ; celle de l'australopithèque dit robuste, masse corporelle de plus grande dissuasion et mâchoire à casser les noisettes et celle de l'homme, masse cérébrale de plus grande réflexion et mâchoire à manger de tout. C'est l'événement de l'(H)Omo[1], célébrant l'avènement de l'homme et la vallée éthiopienne où cet événement a été pour la première fois reconnu. Cet événement est capital dans notre histoire, car c'est avec lui, tantôt avant l'homme, tantôt avec le premier, tantôt après, que vont apparaître ou se développer le langage articulé, l'outil au second degré, la cognition, la conscience, l'émotion, le partage, l'angoisse existentielle, etc.

Plus curieux parce qu'il est plus réfléchi, plus mobile parce qu'il est omnivore (végétarien et charognard, mais aussi chasseur), mieux équipé parce qu'il

1. Cette hypothèse, que j'ai proposée en 1975, a été confirmée et, du même coup, très largement « empruntée » depuis.

améliore et diversifie déjà l'outillage que lui a légué le premier artisan (préhumain), le premier homme va bouger tout de suite. Et c'est le début de notre deuxième expansion, celle-là autocatalytique et d'autant plus importante qu'elle est facilitée par un accroissement de la démographie. En dehors de ses confins septentrionaux, dès 2 millions d'années, tout l'ancien monde tropical et tempéré va être conquis.

Et l'homme va s'y faire appeler *rudolfensis* ou *habilis, ergaster* ou *erectus*, et puis *sapiens* ou moderne, sauf dans deux péninsules suffisamment isolées par intermittence, l'une par les glaciers des glaciations quaternaires successives, l'autre par les transgressions marines des périodes interglaciaires, où il va vivre des dérives génétiques qui vont le conduire à des formes d'humanité particulières et originales, l'homme de Neandertal et l'homme de Java[1] ; ces deux péninsules, créatrices de ces deux exceptions paléoanthropologiques, sont l'Europe et l'Indonésie ; le flux génique n'y est pas passé alors qu'elles ont été parfaitement perméables aux cultures.

Vers 50 000 ans enfin, l'homme moderne n'y tenant plus, va faire sauter ses dernières frontières géographiques et symboliques ; il va projeter ses états

1. L'homme de Flores, l'homme de Denisova sont venus confirmer depuis ce que l'homme de Neandertal et l'homme de Java nous avaient déjà appris, en attendant de prochaines découvertes d'autres formes humaines nées de leur isolement.

d'âme et ses convictions sur objets mobiliers et parois immobilières et il va peupler l'Amérique et l'Australie vides, l'Europe et l'Indonésie occupées mais, après plusieurs milliers d'années d'une coexistence dont on connaît mal l'humeur, finir par prévaloir (entre 25 000 et 30 000 ans) sur l'homme de Neandertal comme sur l'homme de Java ; ces hommes modernes comme les autres s'appelleront Cro-Magnon en Europe et Wadjak en Indonésie.

J'ai bien dit que ce n'était là qu'une confession, déclaration qui n'engageait donc bien évidemment que son auteur, déclaration faite d'ailleurs d'un certain nombre de démonstrations et de quelques impressions (qui ne sont pas forcément, hélas, des intuitions) pour relier les dernières en la fresque la plus cohérente qui soit. Mais que le lecteur écoute les différents auteurs de ce volume qui ont tissé pour lui la succession des données les plus à jour et de toutes leurs interprétations, souvent encore en débat, pour incontestablement la meilleure information, du même coup parfois un peu technique, qu'il puisse avoir à ce jour.

Les préhumains

L'histoire de l'homme commence naturellement avant l'homme. Ce second volume de la collection des « Guides de la préhistoire mondiale », éditée à l'initiative infatigable de Frédéric Serre et de Dominique Grimaud-Hervé, est ainsi consacré à ces préhumains que l'on appelle de manière sans doute abusive d'un seul mot un peu fourre-tout, les australopithèques.

Depuis que Raymond Dart a fabriqué ce curieux mot latino-grec pour nommer génériquement, en février 1925, un superbe petit crâne d'enfant découvert dans une brèche de 2 millions d'années d'Afrique australe – sans d'ailleurs donner de diagnose à ce nouveau genre –, tout ce qui a une allure immédiatement préhumaine a reçu cette appellation formelle – *Australopithecus, Australopithecini, Australopithecinae, Australopithecidae* – ou informelle – *Australopithèques, Australopiths*. Il y a en fait quelque chance pour que le bouquet de nos ancêtres ait été, à l'exemple de l'épanouissement de bien d'autres groupes de mammifères, beaucoup plus fourni et diversifié[1] qu'il ne paraît, même dans ce dossier-ci, pourtant étonnamment complet. Il est amusant de rappeler, à cette occasion, le temps, pas si lointain, où certains auteurs ne voyaient dans l'ensemble du matériel préhumain connu que mâles et femelles d'une seule et même espèce !

1. Ont été créés dans les années suivantes *Sahelanthropus, Orrorin, Ardipithecus, Kenyanthropus*.

Et Lucy est arrivée...

Partant du personnage attachant et désormais symbolique de Lucy, qui séduit sans doute parce qu'il est petit, ancien, féminin en même temps qu'ancestral, Germaine Petter et Brigitte Senut ont habilement entrouvert les portes du laboratoire. Elles ont en effet réussi le tour de force de raconter aussi bien les émotions, les jeux, les promenades, probables, mais tout de même inventés, de Lucy, que les problèmes réels d'origine, de statut, de phylogénie que se pose en ce moment la communauté des spécialistes dont elles font partie.

L'extraordinaire histoire de l'homme s'est ainsi, depuis un peu plus d'un siècle et demi, peu à peu construite en cheminant entre le développement d'une science, difficile comme toutes les autres, et le déploiement d'un imaginaire, fécond comme tous les rêves ; le succès de la paléoanthropologie, comme le succès de ce livre, est évidemment dû à l'utilisation élégante et équilibrée de ces deux sources, l'imagination étant réserve intarissable d'hypothèses de travail, et la science, inspiration infinie des scénarios de l'imaginaire.

Et de ce passionnant exercice, les auteurs ont su faire ressortir les brillants acquis de notre discipline, tout particulièrement bien sûr ses étonnants résultats des vingt-cinq dernières années : le rameau qui nous porte se détache des autres au miocène supérieur, pour des raisons tectoniques, dans la province biogéographique est-africaine ; des préhumains, dont Lucy fait partie, vont d'abord s'y développer ; ils sont végétariens, très inféodés à leur niche écologique, et c'est la raison pour laquelle ils n'agrandiront leur berceau que très tard, et à l'Afrique du Sud[1] seulement ; encore un peu arboricoles comme l'étaient leurs ascendants et déjà quelque peu bipèdes comme le seront leurs descendants, ils n'en deviendront pas moins les tout premiers inventeurs de l'outil au second degré, favorisés par des mains libres de temps en temps et par un encéphale aux proportions nouvelles ; à la faveur d'un frisson de la Terre qui assèche leur territoire, les humains vont bientôt, au pliocène supérieur, succéder aux préhumains, descendant d'ailleurs de certains d'entre eux ; omnivores et par suite plus mobiles, dotés d'un cerveau plus gros et par suite plus curieux, artisans d'un outillage plus diversifié et par suite plus libres, ils vont cette fois déborder rapidement leurs frontières et, l'accroissement de leurs effectifs aidant, se déployer de proche en proche à travers leur continent d'origine, et puis tout l'Ancien Monde et, finalement, le monde tout entier. Ils subiront alors partout

1. Et à l'Afrique centrale depuis, à moins que le berceau n'ait été plus large ou que son agrandissement se soit fait dans l'autre sens.

une transformation anatomique douce et parallèle, qui les acheminera de proche en proche jusqu'à la forme actuelle, tandis qu'ils développeront jusqu'à l'extravagance et de manière exponentielle leurs outils manufacturés, leurs pensées, leurs rapports.

Le prétexte de ce livre est donc ludique mais le message immense ; l'humanité est d'origine animale ; elle est ancienne et issue d'une même souche et d'un seul et même berceau ; fruit, comme n'importe quelle autre forme vivante, d'une évolution événementielle, elle n'en est pas moins parvenue, en transmettant son savoir patiemment accumulé, à gagner sa liberté, sa responsabilité, sa dignité. Et le petit personnage de Lucy, émouvant dans son empêtrement de singe et ses aspirations d'humain, nous apparaît ici, plus encore qu'auparavant, comme l'emblème par excellence de la plus belle des histoires, celle de notre évolution.

Merci à Brigitte Senut et à Germaine Petter pour leur travail, pour leur choix de Lucy-mascotte, pour la manière dont elles l'ont transcendée, pour la façon dont elles n'en ont pas moins su montrer la difficile tâche de la science en gestation.

Et Lucy aima

Cette histoire d'amour, discrète et tendre, est peut-être la première histoire d'amour du monde. C'était il y a 3 millions d'années, quelque part dans l'est de l'Afrique, à une époque capitale où apparaissaient les premiers hommes, tandis que n'avaient pas disparu les derniers préhumains et où montaient, chez les uns comme chez les autres, mais à des degrés différents, la conscience et l'émotion. 200 000 générations nous séparent de ces êtres, 100 milliards d'hommes sont peut-être nés depuis, mais, même si ces produits du développement cérébral nous ont conduits à un degré extraordinaire de connaissance et de liberté, conscience, curiosité ou réflexion, émotion, sentiments ou passion sont aujourd'hui de même nature qu'à cet instant (géologique) émouvant où nous les voyons émerger.

Pour situer cette histoire et les raisons pour lesquelles elle fut alors possible – elle ne l'était pas quelques instants géologiques auparavant –, il nous faut évidemment prendre du recul, beaucoup de recul. Il n'est sans doute pas inutile de rappeler, par exemple, que tous les êtres vivants qui existent ou ont existé appartiennent à un même arbre généalogique ; les conditions nécessaires à l'apparition de la vie à partir de la matière ne se sont en effet trouvées réunies qu'une fois. Et, à partir de ce moment, la vie s'est développée en s'adaptant aux conditions environnementales nouvelles lorsque ces conditions changeaient, ce qui s'est traduit par une incroyable diversité de formes de complexité croissante. L'histoire naturelle, comme ce que l'on a l'habitude d'appeler l'histoire tout court, est, en effet, événementielle ; si l'événement n'a pas lieu, le milieu ne change pas, et les êtres qui le peuplent n'ont pas de raison de changer eux-mêmes, puisqu'ils n'ont pas à s'adapter à quoi que ce soit de nouveau. Dans le cas contraire, tout évidemment se transforme pour parvenir à un nouvel équilibre naturel. Et 3 à 4 milliards d'années d'histoire de la vie se sont ainsi déroulées avant la non moins extraordinaire première histoire d'amour, cette histoire que nous venons de lire et de vivre. Ce fut d'abord la longue époque des êtres d'une seule cellule. Puis, peu à peu, mais tout de même 2 milliards d'années plus tard, règne animal et règne végétal se sont séparés ; les invertébrés ont alors inventé, il y a 500 millions d'années, la colonne vertébrale ; les vertébrés, il y a 400 millions d'années, les poumons ; les mammifères, il y a 100 millions d'années, le placenta, améliorant sans cesse conditions de vie et développement. Il y a 70 millions d'années, les premiers petits singes faisaient leur apparition, inventant la vie arboricole et inaugurant le goût pour les fruits, au moment où, dans l'autre règne, se développaient les plantes à fleurs. Il y a 40 millions d'années, c'était au tour des premiers grands singes d'offrir à la compréhension du monde leurs encéphales mieux organisés, mais toujours petits. Puis, il y a 8 millions d'années, apparaissait notre famille, avec les premiers préhumains, dont l'héroïne de l'histoire qui précède est l'une des dernières.

Puisque soudain apparaît notre famille, quel est donc l'événement survenu il y a 8 millions d'années et qui entraîne cette nécessaire transformation ? Eh bien, il est de taille ! L'Afrique, en effet, se brise ; la vallée du Rift la casse du sud au nord et la divise en une Afrique à l'ouest de la faille qui reste ce qu'elle était ou presque, et une Afrique à l'est de la faille qui se soulève, à l'abri de la muraille que constitue le bord occidental de la faille en question ; l'Afrique à l'ouest demeure arrosée, boisée ; l'Afrique à l'est ne reçoit plus les précipitations de manière aussi régulière et se déboise. Comme il se trouvait que les grands singes, ancêtres potentiels des chimpanzés et des hommes, vivaient précisément dans cette région du monde – parce que les vicissitudes de l'histoire des êtres vivants en avaient décidé ainsi –, ces grands singes allaient évidemment avoir des destinées diverses suivant leur position par rapport à la fameuse faille. Les uns, à l'ouest, se trouveraient maintenus dans la forêt et la savane boisée que leurs parents connurent ; les autres, à l'est, se trouveraient, par contre, pour le moins surpris par un paysage dont ils n'avaient aucune idée antérieure, une savane claire et une prairie[1].

Ce sont ces derniers qui nous intéressent, car ce sont très probablement eux les premiers représentants de notre famille, sélectionnés par cet événement tectonique, devenu climatique, puis écologique. Leur adaptation à ce changement de milieu concernera leur port et leur locomotion, leur régime et leur dentition, leur cerveau et son enveloppe ; ils seront debout, mais peut-être un peu voûtés ; ils marcheront sur leurs pattes postérieures d'un pas court, mais chaloupé, ils n'en continueront d'ailleurs pas moins à grimper ; ils porteront une denture à émail épais pour consommer fruits, graines et tubercules ; ils développeront un cerveau à organisation humaine, mais à volume toujours réduit.

L'héroïne de cette belle histoire était donc de ceux-là. Si délicatement décrite par Pierre Pelot, on la voit bien, petite, velue, souvent accroupie, parfois redressée, marcher, grimper et balancer son corps d'arbre en arbre ; on la voit, gourmande, rechercher les buissons à baies et les plantes à racines agréables, tandis que l'écœure la moindre senteur de viande ; on voit même un jour quelqu'un de sa harde, l'un de ceux

1. Les découvertes de préhumains à l'ouest de la faille ont rendu caduque cette hypothèse, du moins dans sa partie géographique ; si on remplace savane boisée par forêt claire, l'hypothèse demeure dans sa partie environnementale.

« d'une même habitude » qu'elle, se servir par nécessité d'une pierre pour se défendre ; mais l'on voit surtout, à chaque instant de ce joli récit, poindre la conscience et affleurer l'émotion.

Et il y a 3 millions d'années, enfin, apparaissait notre genre, le genre *Homo*, les premiers humains, auxquels appartient le héros de l'histoire. Puisque apparaît soudain l'homme, quel est donc l'événement qui survient alors ?

C'est cette fois un événement global, un rafraîchissement général de la Terre, traduit en Afrique orientale par un assèchement encore plus grand ; les derniers bouquets d'arbres disparaissent au profit de la grande prairie et parfois du désert. Les antilopes de brousse cèdent la place aux antilopes coureuses, les hipparions au cheval, les rongeurs arboricoles aux rongeurs fouisseurs, tandis qu'éléphants, rhinocéros, cochons développent la hauteur ou la longueur de leurs molaires parce que l'herbe use beaucoup plus que la feuille ou l'écorce.

L'adaptation des hominidés à ce nouveau changement concernera le cerveau et la dentition. Leur cerveau se développe en effet, quantitativement cette fois, et la conscience émerge complètement, entraînant avec elle émotion et curiosité ; leur dentition se transforme aussi, et le régime s'étendra à la viande, entraînant avec la recherche du gibier, charognage et chasse, organisation et mobilité ; inutile de préciser que l'outillage abondant et permanent se multipliera et se diversifiera, comme se développeront les activités qui les emploient.

Le héros de l'histoire était donc de ceux-ci, vigoureusement esquissé par Tanino Liberatore. On le voit bien, plus grand que sa cousine, le visage plus plat, la toison moins régulière, marchant droit et longtemps, mais grimpant peu et mal, gourmand de tubercules mais aussi de cadavres ; on le voit parmi les siens, nombreux, participer à l'encadrement de la marche ou à la veille de la nuit ; on le voit choisir des pierres, les ramasser et les lancer pour exercer son adresse ou écarter les prédateurs. Et l'on voit surtout, au creux de cette force sereine d'un groupe important et organisé, s'établir en permanence la conscience de soi, du groupe, de l'autre, du danger, de la mort, et apparaître la générosité, la sympathie, la séduction et l'amour.

Je salue le talent de Pierre Pelot, qui est ainsi parvenu, avec prudence et élégance, à faire vivre quelques jours pour notre plaisir quelques-uns des derniers australopithèques (*afarensis*) et quelques-uns des premiers hommes (*habilis*), et à nouer entre eux une idylle d'une très grande pudeur. Les grands traits des uns et des autres apparaissent au coin d'une attitude, au détour d'une réflexion ; leurs comportements et leurs habitudes se dessinent au fil de l'action, et l'extraordinaire poussée de la conscience qui parfois émerge, se détecte à chaque pas comme une pression à la fois inexorable et difficile. Que dire scientifiquement ? Que certains traits sont incontestables, certains comportements probables, la montée de la réflexion certaine, mais indémontrable. L'histoire est de toute façon belle, la poésie y trouve son compte, et la préhistoire ne la reniera pas.

Les disciplines qui ont ainsi pour objet de raconter notre histoire donnent donc des éléments de réponse aux questions « d'où viens-je ? », « où vais-je ? » que se posent les hommes, avec une angoisse que s'efforcent d'apaiser mythes et religions, depuis que leur est venue, il y a 3 millions d'années, la conscience. Ces disciplines nous apprennent donc, ce qui est à la fois merveilleux et rassurant, que l'homme est enfant des étoiles, participant de la même histoire que l'Univers, la Terre ou la vie ; elles nous apprennent que l'homme est apparu, de manière événementielle, en Afrique équatoriale, parce que cette région du monde s'était cassée, il y a 8 millions d'années, et qu'elle s'était desséchée il y en a 3, et que les 5 milliards d'hommes[1] qui peuplent aujourd'hui la Terre ont cette même origine. Elles nous apprennent encore que, si l'homme a donc incontestablement une ascendance animale, il n'en a pas moins développé, grâce à l'environnement culturel qu'il a créé, des caractéristiques nouvelles, liberté et responsabilité, dignité et fragilité, qui en font ce drôle

1. Il y en a 7 milliards aujourd'hui.

de petit mammifère sans précédent dans toute l'histoire de la vie. Ce sont, il y a 15 milliards d'années, l'expansion de l'Univers et, il y a 3 millions d'années, celle de la connaissance qui nous ont faits ce que nous sommes. Ces disciplines donnent ainsi un sens à notre nature et, en décrivant notre passé, permettent d'entrevoir et gérer notre avenir. En nous apprenant comment est née notre curiosité et comment elle s'est développée, ces disciplines nous expliquent encore comment se poursuivront inexorablement nos recherches en génie génétique ou en physique nucléaire, nos explorations spatiales ou nos colonisations galactiques ; mais elles nous expliquent aussi comment nos sociétés, parce qu'elles se mondialisent, sauront de mieux en mieux s'organiser et poser des garde-fous aux entreprises qu'elles estimeront nocives. Elles nous expliquent qu'une certaine parenté lie tous les êtres vivants, que la biosphère est d'ailleurs peut-être unique, et qu'il faut donc apprendre à l'entretenir même si on la quitte un jour. Elles nous apprennent encore que la destinée de l'humanité peut, par contre, lui échapper sous l'effet de phénomènes cosmiques, de processus biologiques ou même d'interventions humaines malencontreuses, et qu'alors notre règne peut s'achever ou, après une forte saignée, reprendre, pour un temps, sur des bases sélectives naturelles, notre environnement culturel s'étant révélé ne pas avoir la parade avec la vitesse et l'efficacité qui auraient convenu. Ces disciplines, dans une impressionnante perspective, nous apprennent donc, avec modestie, à envisager notre avenir sans crainte ni nostalgie, et à gérer notre Terre, et bientôt notre Univers, avec émerveillement.

En nous restreignant cette fois à la période contemporaine, il est tentant d'ajouter qu'en nous apportant la connaissance de toutes les cultures qui existent ou se sont succédé depuis les premiers aménageurs d'outils, peut-être préhumains, il y a 3 millions d'années, ces disciplines nous ont fait pénétrer dans une nouvelle Renaissance dont nous ne mesurons pas encore bien l'humanisme universel. Il a suffi, aux XVe et XVIe siècles européens, de redécouvrir l'Antiquité classique pour fonder cette étonnante et féconde période que l'on a appelée Renaissance ; nous avons, en ce moment même, le privilège de recevoir toutes les richesses, toutes les informations, toutes les inventions, toutes les créations de toutes les civilisations du monde ou presque – même s'il nous en manque quelques-unes – et le luxe de pouvoir y puiser l'influence de notre choix ; notre propre culture mondiale de la fin de ce millénaire ne peut que s'en nourrir, et ne pourra, avec un peu de recul, que s'en montrer enrichie et imprégnée. Nous sommes en train de vivre, de manière évidemment en partie inconsciente, cette grande époque.

Pour le lecteur qui n'en serait pas averti, rappelons qu'une expédition codirigée par un géologue français, Maurice Taïeb, un paléoanthropologue américain,

Donald Johanson, et un paléontologiste français, moi-même, découvrait, dans l'Afar éthiopien, de 1973 à 1977, plus de trois cents restes squelettiques d'ancêtres de l'homme vieux de 3 millions d'années. Parmi ces restes, certains d'entre nous reconnurent, en contemporanéité, un préhumain nouveau, *Australopithecus afarensis*, nommé par Donald Johanson, Tim White et moi-même en 1978 (représenté notamment par cinquante-deux fragments d'un même individu de sexe probablement féminin que nous baptisâmes Lucy et qui devint célèbre), et un humain probable, *Homo habilis* (?). Bien que nos avis divergent – ce qui est le propre d'une science en cours d'élaboration – sur la réalité de cette coexistence, sur la position de ces hominidés dans notre arbre phylétique, sur l'analyse de certains de leurs ossements et sur l'interprétation consécutive de certains de leurs comportements, je pense personnellement que ces deux ancêtres sont vraiment représentés dans notre collection, qu'ils ont vécu côte à côte dans ce pays, à cette époque, et que leurs caractéristiques étaient suffisamment différentes pour représenter plutôt un cousinage qu'une véritable filiation simple[1].

C'est à la fois de la notoriété de Lucy – devenue un peu le symbole de l'origine et de l'évolution de

1. Je pense toujours que Lucy est cousine, et non ancêtre, de l'homme ; je pense toujours que deux hominidés ont coexisté à Hadar ; Donald Johanson, pas.

l'homme – et de cette curieuse période où coexistent deux hominidés de nature différente – tous deux en proie à la croissance de la conscience – qu'est née l'idée de ce livre. Ce fut, en effet, une grande époque de notre histoire, d'allure bien étrange, certes, vue de notre millénaire, mais dont l'existence, quels que soient les débats sur les détails, ne peut faire de doute. Je salue donc l'initiative de la direction de la Fondation 93 qui a réuni écrivain, dessinateur et scientifique, et remercie Pierre Pelot et Tanino Liberatore d'avoir bien voulu lire et écouter, respecter les données, en interpréter d'autres, et inventer juste assez pour que l'ensemble soit agréable, original, coloré, sensible et beau. Qui peut vraiment dire si cette histoire n'est pas le récit d'un fait réel ?

Lucy, l'emblème

Patrick Norbert et Tanino Liberatore ont associé leurs talents [...] pour raconter cette histoire exceptionnelle de Lucy et de ses amours ; le lyrisme de l'un, l'imagination de l'autre [...] ont abouti à ce merveilleux album, merveilleux par la luxuriance de la savane qu'il décrit, merveilleux par l'émotion du récit qu'ils transcrivent, signe d'émergence de la conscience que tout cela signifie.

Mais parlons science d'abord !

Lucy est un petit squelette de préhumain de 3,2 millions d'années attribué à une espèce particulière, *Australopithecus afarensis*, espèce qui a vécu de 4 millions d'années (ou un petit peu moins) à 3 millions d'années (ou un petit peu plus) en Éthiopie, au Kenya et en Tanzanie ; Lucy était bien sûr debout, comme tous les préhumains depuis 10 millions d'années, et sa locomotion associait arboricolisme agile à bipédie chaloupée. Dans cette même grande province de l'Afrique orientale, *Australopithecus afarensis* était contemporain de deux autres préhumains : *Australopithecus anamensis*[1] et *Kenyanthropus platyops*. On sait que le premier ne grimpait plus, mais on n'en connaît pas la tête ; on sait que le second avait le visage plat, mais on n'en connaît pas les membres.

À la fin de l'époque d'*Australopithecus afarensis*, d'*Australopithecus anamensis* et de *Kenyanthropus platyops*, et dans la période immédiatement suivante, apparaissent en Afrique orientale *Australopithecus aethiopicus* et *Australopithecus boisei*, les premiers préhumains dits robustes, descendant peut-être d'*Australopithecus afarensis* (Lucy) et *Homo habilis* et *Homo rudolfensis*, les premiers hommes, descendant peut-être d'*Australopithecus anamensis* ou de *Kenyanthropus*

1. C'est peut-être cet hominidé-là, bipède exclusif, que l'on a découvert à Hadar, aux côtés de Lucy, et que l'on a appelé homme parce qu'il était, au moins dans sa locomotion, incontestablement plus moderne qu'elle.

platyops. Cette époque n'a évidemment pas été choisie au hasard par les auteurs puisqu'elle est charnière entre préhumain et humain, entre savoir et savoir qu'on sait, entre langage modulé et langage articulé, entre outil simple et outil fabriqué.

Avec Lucy, la conscience est, sans doute, un éveil. Avec Adam, elle affleure. Avec Adam, on change la forme de la pierre avant de s'en servir pour l'adapter à la fonction à laquelle on la destine. Avec Lucy, on se sert (probablement) de la pierre, de l'os, du bois ou de quelque objet que ce soit, avec discernement mais sans l'aménager. Chez Lucy, on communique sûrement et beaucoup et souvent et on le fait par gestes, par mimiques, par sons, modulés, pondérés, scandés, par cris ; chez Adam, on commence à échanger en articulant.

Lucy, c'est Elle, la belle préhumaine, grimpante, pimpante et pleine de ruses, et d'émotions ; Adam, c'est Lui, l'humain curieux, amoureux, et plein de réflexion et de prévenance. Ce serait dommage de voir du méchant sexisme dans le fait que ce soit Lucy, l'émergente et Adam, l'émergé ; la situation inverse aurait tout aussi bien pu se présenter si, en Éthiopie ou ailleurs, cela avait été un sujet masculin suffisamment complet que l'on ait découvert et qui, gratifié d'un joli prénom, avait couru le monde, telle une icône de l'évolution humaine ; ce récit l'aurait sans doute fait pâlir d'amour devant la première femme consciente, qui, bien sûr, se serait appelée Ève. Mais voilà, le narrateur est conditionné par le scientifique qui a découvert une Lucy complète alors qu'il n'a trouvé qu'un Adam en morceaux, et a conclu à la féminité quasi incontestable de la première, celle précisément qui est devenue, et sans doute pour longtemps, le symbole de la recherche des origines.

Alors laissons-nous simplement emporter par l'histoire, pleine de péripéties, une histoire que j'aime beaucoup parce qu'elle est belle, parce qu'elle est tendre, colorée comme les tropiques, solennelle comme une parabole et parce qu'elle finit bien. Laissons-nous aussi entraîner dans la brume des temps et des alliances, dans celle des rêves et des rencontres – qui sait d'ailleurs réellement ce qu'a été cette période extraordinaire de passage de l'état de presque humain à celui d'humain à part entière ? On la perçoit sûrement d'autant mieux qu'elle est passée. Peut-être les nuances dont on fait état n'apparaissaient-elles d'ailleurs pas du tout.

Les préhumains d'Afrique australe

Katarzyna Kaszycka de l'Université Adam Mickiewicz de Poznan a bien voulu confier aux *Cahiers de paléoanthropologie* du Centre national de la recherche scientifique son tout récent travail sur les hominidés pliocènes du site de Kromdraai dans le Gauteng (anciennement Transvaal) en Afrique du Sud.

De nombreuses équipes travaillent depuis huit décennies et intensément depuis quatre, dans le miocène, le pliocène et le pléistocène ancien d'Afrique et ne cessent d'apporter de nouvelles données sur la phylogenèse – compliquée – de notre propre famille ; l'image qui en résulte est désormais plus volontiers celle d'un généreux bouquet que celle qui prévalait dans les années 1950 d'une simple fleur – à la rigueur d'une inflorescence. Trois grandes provinces se sont avérées particulièrement fécondes en ancêtres fossiles : l'Afrique orientale entre la Rift Valley et l'océan Indien, l'Afrique centrale et ses vastes bassins sahéliens et l'Afrique australe et le remplissage de son important système karstique. C'est d'ailleurs cette dernière région biogéographique qui s'est « manifestée » historiquement la première, puisque le tout premier préhumain découvert et reconnu comme tel a été ce petit crâne d'enfant de Taung, décrit et nommé en 1925 par Raymond Dart, alors professeur d'anatomie à l'Université du Witwatersrand à Johannesburg, *Australopithecus africanus*, le « singe d'Afrique australe ».

Or c'est précisément un matériel crânien, mandibulaire et dentaire d'Afrique australe, celui de Kromdraai, attribué à *Australopithecus robustus* et daté d'environ 2 millions d'années – découvert en partie lors de cette première période de recherche (1938) initiée par la mise au jour de Taung et poursuivie à partir de 1936 par les récoltes de Sterkfontein, de Kromdraai et de Swartkrans près de Krugersdorp et par celles de Makapansgat près de Potgietersrus, mais en partie aussi lors de chantiers ultérieurs (1955, 1978) – que ce travail réexamine à la lumière des découvertes considérables réalisées ailleurs en Afrique tropicale depuis. Katarzyna Kaszycka va ainsi passer en revue de manière critique, après les avoir décrits, tous les caractères anatomiques rencontrés ; elle va les comparer à leurs homologues reconnus sur des pièces fossiles d'autres sites, tenter de les orienter et puis de les ranger cladistiquement (ressemblances) et phylogénétiquement (parentés).

Du point de vue chronologique, on sait qu'à un certain nombre d'espèces de préhumains, d'ailleurs à peu près contemporaines – *Australopithecus africanus* en Afrique du Sud, *Australopithecus afarensis* en Afrique de l'Est, *Australopithecus bahrelghazali* en Afrique du Centre – et dites autrefois graciles, ont succédé un certain nombre d'autres espèces de préhumains – *Australopithecus (Paranthropus) robustus* en Afrique du Sud, *Australopithecus (Zinjanthropus) aethiopicus* et *Australopithecus (Zinjanthropus) boisei* en Afrique de l'Est –, dites autrefois robustes ; on sait aussi que c'est à la faveur d'une crise climatique

(« l'Événement de l'(H)Omo » du préfacier) que cette succession, qui est à l'évidence une adaptation, s'est faite et qu'elle a été en même temps à l'origine du genre *Homo*.

C'est donc préférentiellement vers ces autres espèces dites robustes, partageant mégadontie et mastication puissante, que l'auteur va se tourner, mais il le fera aussi vers les formes ancestrales pour mieux assurer ses classements. Ses conclusions, bien étayées, sont donc particulièrement importantes : *Australopithecus robustus* de Kromdraai est moins dérivé qu'*Australopithecus robustus* de Swartkrans, dit Katarzyna Kaszycka, et beaucoup moins qu'*Australopithecus boisei* ; *Australopithecus aethiopicus* doit être retiré de cette filiation, dit-elle encore. Le préhumain de Kromdraai pourrait donc bien être l'ancêtre de celui de Swartkrans et de celui d'Olduvai (et de plusieurs autres sites d'Afrique de l'Est, d'Éthiopie, du Kenya, de Tanzanie et du Malawi[1]). Qu'on les partage ou pas, la rigueur des démonstrations oblige à prendre désormais en compte ces déclarations dans le débat scientifique.

1. Je distingue personnellement l'adaptation robuste sud-africaine des hominidés (*A. Paranthropus robustus*) de celle de son homologue est-africain (*A. Zinjanthropus aethiopicus* et *boisei*) ; je pense qu'il s'agit d'évolutions parallèles, d'adaptations comparables au même changement climatique, mais sans filiation de proximité.

L'émergence de l'humanité et son parcours

En cette fin de millénaire dans le monde, comme curieusement en Europe à la fin du XVe siècle, un nouvel humanisme se fait jour. Souvenons-nous : c'était alors parce que des textes hébreux, grecs, latins, oubliés depuis des siècles, étaient parvenus à la connaissance d'érudits, soudain conscients de l'existence d'autres cultures, que cette période qualifiée à juste raison de Renaissance s'était tournée vers l'homme. La découverte de l'origine de celui-ci, de son déploiement à travers la planète, des civilisations qu'il a su élaborer, chemin faisant [...], nous a fait récemment prendre conscience de la richesse et de l'épaisseur de notre histoire, et nous a fait nous tourner une nouvelle fois vers l'homme. Immergés comme nous le sommes dans notre époque, la démarche n'est pas aisée ; *Les Berceaux de l'humanité*, encyclopédie illustrée de l'aventure humaine, viennent à point nommé synthétiser cette connaissance des hommes d'avant et des hommes d'ailleurs, qu'archéologie et préhistoire ont patiemment exhumée en un siècle de recherches intensives.

Cette collection de cinq volumes offre à ses lecteurs, de manière exhaustive, un véritable retour aux sources, à ces creusets où se forgèrent les civilisations que 100 milliards d'hommes, en 200 000 générations, sont parvenus à édifier sur la Terre. Synthétique, et ouverte à la controverse, elle lie entre eux des sujets que méthodes, formations, habitudes ont depuis toujours artificiellement divisés : quand on est pétri de culture latine, par exemple, c'est à peine si l'on sait qu'avant les Grecs et les Romains a existé une préhistoire et qu'au-delà des rives septentrionales de la Méditerranée quelques grandes civilisations ont laissé en Égypte, en Asie Mineure, en Chine, en Amérique, textes, constructions, œuvres d'art.

Sans coupure dans l'espace, *Les Berceaux de l'humanité* racontent l'histoire, universelle, des facteurs qui contribuèrent à fonder les civilisations et servirent de tremplin au monde moderne. Ils fournissent le plus merveilleux récit qui se puisse trouver : au terme d'une longue et patiente ascendance animale, l'homme émerge quelque part en Afrique orientale[1] – adaptation nécessaire à un milieu qui a changé. Mais, comme cette adaptation l'a fait omnivore et malin, cela le rend mobile et curieux et l'entraîne, dès 3 millions d'années, dans une errance qui est encore aujourd'hui la sienne. Il couvre ainsi, de proche en proche, sa planète, avant d'en couvrir bientôt d'autres, et s'y organise en développant équipements, sociétés et langages, mythes, rites et expressions, dans une

1. On remplace aujourd'hui « orientale » par « tropicale ».

belle diversité d'exemples toujours associés en une non moins belle unité biologique. Monument à la gloire de la fraternité de tous les humains, dont l'origine est incontestablement la même, cette encyclopédie est aussi dédiée à leur extraordinaire génie d'adaptation et de création – leçon que chacun d'entre nous devrait assimiler dès ses premières années. Nous apprenons qui nous sommes, où est notre place dans l'Univers et quelle est cette place, d'où nous venons et vers où nous pourrions aller, grâce au degré de liberté grandissant que nous apportent notre apprentissage conscient du monde et son corollaire – indispensable –, la responsabilité qui s'y attache.

Les premiers hommes

Après 15 milliards d'années d'histoire d'une matière inerte et 4 d'une matière vivante, voici, il y a 3 millions d'années, l'émergence d'une histoire nouvelle, celle d'une matière encore plus compliquée et mieux organisée, la matière pensante, et celle de son unique contenant, l'homme.

Le concept de pensée, dans cette acception, est synonyme de conscience dont la définition déclare que les porteurs se démarquent de leurs prédécesseurs et de leurs contemporains en ne se contentant plus de savoir, mais en sachant qu'ils savent. On ne peut naturellement se satisfaire d'une identification aussi simple, mais c'est tout de même une façon de placer un début à l'histoire de ces êtres étranges que nous sommes et qui allient paradoxalement liberté et responsabilité.

Tout irait bien, ou à peu près, si l'on ne s'était rendu compte que les manifestations de cet état conscient, la fabrication de l'outil, l'articulation du langage, l'accession à un certain degré d'organisation et à un certain comportement social, ne se développaient pas en même temps. Si, cependant, au lieu d'une date précise, on tolérait pour ce début, la prise en considération d'une période privilégiée, alors tout rentrerait dans l'ordre ; entre 3,5 et 2,5 millions d'années, toutes les caractéristiques de la matière pensante se mettent en effet en place.

Quand on traite cette fois les hominidés de cette période de manière naturaliste, on constate que certaines des caractéristiques dont nous venons de parler s'appliquent à des « préhumains » d'abord – australopithèques et kényanthropes –, puis à des « humains ». L'homme « philosophique » ne recouvre donc pas avec exactitude l'homme biologique, le genre *Homo* ; il le déborde sur ses marges anciennes. Ce constat est évidemment scientifiquement plus en accord avec ce que l'on connaît d'autres émergences que ne le serait celui d'une discontinuité brutale entre deux états.

Ce livre, faisant joliment suite à ceux [...] racontant les primates et les australopithèques, concerne donc les premières espèces du genre *Homo*.

D'une manière qui se voulait humoristique, j'avais appelé, il y a plus de vingt-cinq ans[1], la crise climatique qui avait entraîné la transformation de toute la grande faune dite éthiopienne et son adaptation à un coup de sécheresse tropicale répondant à un coup de fraîcheur globale : « Événement de l'(H)Omo ». C'était, en effet, dans les successions sédimentaires exceptionnelles de puissance et de continuité de la basse vallée de l'Omo en Éthiopie, seules à posséder la représentation de cette période, que la transformation des hominidés en *Zinjanthropus* et *Homo* avait pu être décrite et interprétée. Il a fallu dix ans pour en convaincre la communauté scientifique, mais elle en a fait aujourd'hui une évidence.

À cette époque, tout *Homo* était *habilis*, espèce créée en 1964 par Louis Leakey, Phillip Tobias et John Napier à partir de pièces d'Olduvai en Tanzanie. Et puis, au fil des découvertes, les objets recueillis attribuables au genre *Homo* se sont faits plus diversifiés. C'est un collègue russe, Vladimir P. Alexeev, qui, prenant pour type un crâne sans dents de l'Est Turkana, a osé créer, de manière d'ailleurs très peu orthodoxe – mais ceci est une autre question – une

1. Cette préface a été écrite en 2001.

deuxième espèce d'homme ancien : *Homo rudolfensis*. Comme pour l'événement de l'(H)Omo, la proposition a été regardée avec beaucoup de condescendance et puis la quantification de caractères nouveaux a montré qu'il fallait en tenir compte. Alexeev était mort, mais l'espèce *rudolfensis,* réhabilitée, n'en portera pas moins désormais son nom pour « toujours ».

Nous voici donc, semble-t-il, avec deux hommes premiers, deux vraies espèces, que ni la chronologie, ni la géographie, ni l'écologie véritablement ne séparent. De qui descendent-ils ? Peut-être de deux origines (*Australopithecus anamensis, Kenyanthropus platyops* ?) ; Il s'agirait alors de deux genres et pas de deux espèces. Où sont-ils apparus ? En deux endroits différents, sinon ils ne seraient pas deux. Que deviennent-ils ? Si l'humanité descend de ces hominidés-là, comme elle apparaît étonnamment homogène, elle a des chances de ne descendre que d'un des deux. Alors lequel ? Qu'est devenu l'autre ?

Comme ce sont, en outre, ces hommes-là ou leurs prédécesseurs immédiats (je pense que ce sont les prédécesseurs), qui ont inventé la taille de l'outil, ils sont aussi, par cette innovation ou les débuts de sa pratique raisonnée, particulièrement importants. Comme ce sont eux encore ou leurs descendants immédiats (je pense que ce sont eux) qui se sont déployés pour la première fois sur l'ensemble du territoire de l'ancien monde, ils sont aussi d'un intérêt fondamental. Les auteurs réunis ici font un point magistral sur cette question si importante biologiquement et philosophiquement, puisqu'il s'agit de l'origine de proximité, pourrait-on dire, du *genre humain*.

Les hommes seconds

Avec le quatrième volume de cette élégante collection de paléontologie humaine, commencée avec les primates et les australopithèques et poursuivie avec les espèces premières du genre *Homo*, les éditions Artcom' progressent le long du temps avec, cette fois, les espèces chronologiquement et phylogénétiquement suivantes du même genre, celles que l'on pourrait appeler deuxièmes ou intermédiaires (entre les premières et les dernières). Il s'agit évidemment d'*Homo ergaster* et d'*Homo erectus*.

Pendant plus de quatre-vingts ans, *Homo erectus* a été le seul responsable de ce parcours de presque 2 millions d'années et puis, en 1975, deux auteurs, Colin Groves et Vratislav Mazak, se sont saisis d'une jolie mandibule des sédiments de l'est du lac Turkana au Kenya pour créer un autre homme, *Homo ergaster*. Un certain nombre de documents fossiles importants ont été par la suite placés sous le couvercle de cette espèce toute neuve qui a ainsi consolidé son statut. *Homo ergaster*, assez bien admis aujourd'hui, serait pour beaucoup l'équivalent d'un vieil *Homo erectus*. Mais comme les choses ne sont jamais aussi simples qu'on les désirerait et qu'en général elles se compliquent en s'éclaircissant, bien des auteurs se sont rendu compte que cet ensemble, commencé il y a près de 2 millions d'années et achevé – pour certains – il y a 25 000 ans, devait être un peu mieux peigné. Comme, en outre, ces hommes seconds sont peut-être ceux qui se sont répandus à travers tout l'ancien monde, ils ont géographiquement quelque excuse de s'être ainsi diversifiés.

N'oublions pas, enfin, que, partis certes déjà dotés d'une belle trousse à outils, ce n'en sont pas moins ces hommes qui vont penser à recopier dans leur outillage la symétrie qu'ils observent dans la nature, inventer le percuteur tendre en plus du percuteur dur, imaginer la méthode Levallois pour l'obtention du plus gros éclat possible, maîtriser le feu jusqu'alors éphémère, etc. La pensée, la réflexion, leurs approches cognitives et symboliques, se développent donc beaucoup durant cette tranche de temps qui est loin de n'être qu'un palier.

Au temps de l'homme premier

Un beau jour d'il y a 3 à 4 millions d'années, la Terre frissonna ; son orbite s'était un tout petit peu, cosmiquement parlant, éloignée du Soleil ; les tropiques du coup s'en asséchèrent ; là où régnait la forêt, s'installa la savane ; là où la savane s'était déjà implantée, s'ouvrit la steppe. Deux grandes lignées de préhumains, *afarensis* et *anamensis*, se différencièrent alors au creux du berceau est-africain – l'une des bois, encore un peu arboricole, l'autre des champs, déjà totalement bipède – et profitèrent de l'expansion de ces paysages vers le sud, l'ouest et le nord pour bouger avec eux, la première vers l'Afrique australe (on l'appellera là-bas *africanus*), la seconde vers l'Afrique centrale (elle y est devenue *bahrelghazali*). L'histoire de notre famille en était arrivée là, à cette dichotomie banale à développement commandé par celui du degré de couverture de son milieu, lorsque le frisson de la planète se fit plus fort encore. Pour les australopithèques majoritairement végétariens, moins de végétaux signifia alors nécessité impérative d'un nouvel effort ; deux réponses à l'accentuation de la crise ne tardèrent pas à surgir : la première dissuasive par le corps, la seconde par l'esprit.

Entre 2 et 3 millions d'années, en effet, naissent respectivement en Afrique de l'Est et en Afrique du Sud zinjanthropes et paranthropes, [...] solutions spécialisées à denture casse-noisettes destinées à accéder à une alimentation végétale plus coriace et plus fibreuse que celle du menu d'avant et, dans le creuset est-africain [...], l'homme, solution généralisée à denture à manger de tout, destinée à consommer désormais aussi bien de la viande que des végétaux. L'événement – que l'on appelle d'un mauvais jeu de lettres « de l'(H)Omo », parce qu'il a été décrit et compris pour la première fois dans la vallée de l'Omo en Éthiopie – aurait pu paraître bénin puisqu'il était climatique, comme tant d'autres depuis des milliards d'années ; mais il obligeait en fait à une adaptation les êtres qui se trouvaient là à ce moment-là. Comme c'est lui qui a permis en outre à l'un des préhumains (*Australopithecus anamensis* sans doute) cette transformation en humain pour s'en sortir – grosse tête et régime alimentaire à très large spectre –, l'événement était donc de dimension considérable ; aux caractères du genre *Homo* sont en effet liés des comportements aux défis de taille !

Qui dit gros cerveau dit réflexion meilleure, plus grande curiosité et, à terme, conscience, ce qui veut dire pour la toute première fois dans l'Univers – à notre connaissance – matière pensante. Qui dit mâchoire à manger de tout dit consommation de viande, donc poursuite de gibier et plus grande mobilité. Le premier de ces comportements va faire les humains et peut-être déjà les derniers des préhumains, créer, au creux du milieu naturel, celui tout neuf de la connaissance ; il va leur faire comprendre leurs dimensions spirituelle, morale, éthique, développer et cumuler les savoirs théoriques, techniques et d'observation, les aider peu à peu à se connaître eux-mêmes, à connaître leur planète, à connaître leur univers, et leur donner libre arbitre, liberté et responsabilité, démarquant la matière pensante dont ils sont faits de la matière inerte et de la matière vivante dont ils sont issus. Le second va les pousser de proche en proche vers de nouveaux territoires ; ils vont ainsi se déployer en 2 millions d'années sur le monde entier, visiter le système solaire et se lancer bientôt dans une prospection de leur galaxie.

Comment peut-on démontrer l'émergence de ces caractères nouveaux, curiosité et mobilité, de la vie pensante ? La curiosité, pour ne pas dire la conscience plus difficile à définir, peut se reconnaître évidemment à l'apparition de l'outil fabriqué avec un autre outil – 3,3 millions d'années dans la vallée de l'Omo, en Éthiopie[1] –, fruit d'un encéphale à la structure nouvelle depuis déjà quelques millions d'années et au volume presque doublé précisément à ce moment-là, géologiquement parlant bien entendu. La chasse se lit dans la diversité des restes osseux rencontrés groupés sur les sols d'habitats, preuve de charognage et de chasse véritable, preuve aussi de transport de gibier et de partage ; et la mobilité qui en découle se déduit de la répartition des localités où ont été trouvés des hominidés, de leurs outillages et des traces de leur occupation à travers le monde – 3 millions d'années

1. Ce point n'a pas été confirmé par les dernières prospections.

en Afrique de l'Est, au moins 2 millions en Eurasie, 100 000 peut-être en Australie et en Amérique, 30 ans sur la Lune.

Nous voici à une époque exceptionnelle, un de ces tournants que l'on ne comprend vraiment qu'après l'avoir franchi. Avec les derniers préhumains avant les robustes ou avec les premiers humains, c'est-à-dire entre 3,5 et 2,5 millions d'années, apparaissent tout à la fois, mais pas forcément tout en même temps, conscience, émotion, outils et langage. *Australopithecus afarensis* (Lucy), *Australopithecus anamensis, Australopithecus africanus, Australopithecus bahrelghazeli* avaient certainement atteint un certain niveau de conscience, au moins de temps en temps, un certain niveau consécutif d'émotion, un niveau élaboré de communication – mais leur larynx paraît encore bien haut pour que le langage ne soit autre que modulé – et la capacité de faire éclater délibérément quelques cailloux et parfois même de les retoucher. *Homo* articule, enseigne et reproduit à l'infini des outils stéréotypés, aime et réfléchit à la mort.

Mais les choses semble-t-il se compliquent au moment de cette grande émergence, pour des raisons certainement environnementales ; la population des premiers hommes – *Homo rudolfensis* – se trouve en effet alors être hachicotée en petites unités et, comme dans les cas d'isolements suffisamment persistants, la spéciation y est très rapide, bien plus rapide que l'on imagine ; on distingue à ce moment-là – peut-être ? – un certain nombre d'hommes, *Homo rudolfensis, Homo habilis, Homo microcranous, Homo kenyaensis, Homo okotensis, Homo ergaster.*

C'est une de ces histoires que Pierre Pelot, avec son extraordinaire capacité de plonger dans les autres mondes d'ailleurs ou d'avant, raconte ; ceux de la bande de Nî-éi sont des *Homo rudolfensis* et la bande de Moh'hr, des *Homo habilis.* C'est sans peine que je la lui ai confiée, en lui parcourant à grands traits de science – la science ne peut guère faire mieux – la vie au temps des derniers des australopithèques que l'on appelle graciles et celle du temps (d'après) des premiers des australopithèques que l'on appelle robustes et des tout premiers hommes. Il en a rapporté un récit que je vous offre, en garantissant presque toute l'atmosphère. Je n'aurais pas su m'y rendre moi-même si complètement.

Au temps de l'homme second

On a vu, dans le tome précédent, naître les hommes de la nécessité de se débrouiller dans un monde qui venait de prendre un grand coup de sec ; et on a vu ces premiers hommes commencer à développer les intéressants comportements, mobilité et curiosité, de leurs caractères, respectivement denture d'opportuniste et cerveau de chercheur.

De manière dite autocatalytique en effet, ces hommes, ajoutant équipement meilleur et effectif croissant aux traits quasi maniaques de mobilité et de curiosité juste décrits, vont être saisis d'une incroyable bougeotte qui ne les quittera plus. C'est cette bougeotte qui va les conduire très vite jusqu'aux limites de l'Afrique et puis au-delà jusqu'à celles occidentales et orientales de l'Eurasie ; latitudinalement, par contre, leurs appétits ne vont pas dépasser un certain seuil de fraîcheur atteint par exemple à l'ouest dans le nord du pays de Galles, ce qui veut dire aux alentours du 50e parallèle. Sur ce nouveau territoire, immense et tellement divers dans ses paysages, ses climats, ses ressources, s'installent de manière toujours un peu provisoire, quelques dizaines ou centaines de milliers d'hommes premiers – *rudolfensis*, *habilis*. Ce sont donc bien les hommes premiers qui, de proche en proche, très tôt, ont couvert ce que l'on appelle les trois continents de l'ancien monde et ce sont ceux-là qui, par tous les intermédiaires qui soient, sont devenus partout, là où ils se trouvent, [...] ce qu'il est convenu de nommer les hommes seconds – *ergaster*, *erectus*. Notons, au passage, que toute cette terminologie binominale très orthodoxe et qui a vraiment l'air de décrire des espèces crée en fait une confusion dans un continuum au sein duquel on peut à la rigueur apercevoir des stades morphologiques, des grades. Notons aussi qu'*Homo erectus*, puisque c'est ainsi que l'on appelle ce stade-là, n'a jamais été le grand voyageur, conquérant du monde, que l'on a dit ; il s'est sûrement agité beaucoup, mais pas plus que les hommes précédents ni d'ailleurs que les suivants, les hommes modernes à qui l'on doit l'occupation de l'Amérique et de l'Océanie libres et celle de l'Europe et de l'Indonésie déjà peuplées.

Toujours est-il que les héros *ergaster* ou *erectus* de ce deuxième épisode de la saga de Pierre Pelot sont déjà là où ils sont, ou par là, depuis un petit million d'années. Ils ont considérablement progressé dans la connaissance de la pierre et, du même coup, dans la maîtrise de sa taille. Ils font par exemple quatre fois plus de longueurs de tranchant au kilo de matière taillée que leurs grands ancêtres Depuis au moins un demi-million d'années, ils fabriquent des outils symétriques ; un demi-million d'années plus tard, ils sauront produire le feu qu'ils n'en utilisent pas moins déjà parfois, mais en s'efforçant de l'entretenir. Ce sont de bons chasseurs, mais de piètres pêcheurs, d'excellents observateurs pourtant, plus ordonnés que leurs grands-parents dans l'aménagement de leur habitat ; ils séparent désormais l'endroit où ils dorment de celui où ils mangent, celui où ils taillent de celui où ils préparent la nourriture, en d'autres termes, ils tiennent à cloisonner les activités de la chambre de celles de la salle à manger et celles de l'atelier de celle de la cuisine – que l'on appelle souvent boucherie.

Quant à leur vie spirituelle, elle devait être plus élaborée qu'on ne l'imagine souvent au travers des seuls indices de rituels rencontrés sous la forme de crânes humains systématiquement brisés de manière à les priver de face. On a dit, en prenant comme toujours ces hommes d'avant pour des sauvages, que, s'ils éventraient ainsi leurs crânes, c'était pour en consommer le cerveau. Et alors ? Si c'était la tête de son grand-père, c'était de toute façon pour se saisir de son esprit ; si c'était celle d'une personne moins désirable, c'était pour la punir ; c'était donc bien symbolique chaque fois, même si s'y mêlait quelque gourmandise. Il est vrai, comme s'en amuse un peu Pierre Pelot, qu'ils avaient, dans les pays d'Asie qu'il a choisi de décrire, leurs yétis et leurs almastys à eux, qui devaient aussi meubler les histoires qu'ils racontaient à leurs petits pour les endormir. Après tout, chaque pays, chaque culture, chaque époque a les loups-garous qu'il mérite.

Merci donc à Pierre Pelot d'avoir tenté une nouvelle fois de camper quelques portraits d'antan, en s'efforçant, ce qui lui plaît beaucoup, je peux le dire, de s'immerger dans ces autres lieux en ces autres temps. Au-delà des biens modestes éléments que les préhistoriens ont recueillis au fil de leurs recherches, longues et lentes, au-delà de leurs interprétations souvent toujours en débat, Pierre Pelot a dû, naturellement et heureusement, imaginer dans le cadre sévère de la plausibilité et dans celui plus souple de la poésie. Il est ainsi parvenu à ce que vous allez dévorer, un vrai roman mais un roman qui s'offre le luxe de se dérouler ailleurs et avant – une paléofiction exotique –, il y a 1 million d'années en Extrême-Orient.

Au temps de Neandertal

Le voici enfin, ce fameux homme de la vallée du Neander, le premier homme fossile découvert au monde et qui a tant gêné ses inventeurs par son visage boursouflé, son nez large, son gros bourrelet au-dessus des yeux, son crâne surbaissé, son front, son menton et ses joues en fuite ; on attendait de la fouille la confirmation de ce que l'on pensait savoir déjà depuis bien longtemps grâce aux textes révélés : un ancêtre beau ! Et voilà que l'Europe, la première consultée, nous livre en Belgique en 1830, à Gibraltar en 1848, en Allemagne en 1856, et puis en Belgique encore, en Croatie, en France... un homme qui, comme il est laid selon notre conception de l'esthétique (naturellement), va se trouver chargé de tous nos fantasmes de ce que peut être un primitif, bien sûr écarté de notre ascendance : l'homme de Neandertal sera velu et hirsute, brut et vulgaire, stupide et barbare, cruel et incapable de se tenir tout à fait redressé, incapable même de parler !

L'homme de Neandertal, *Homo neandertalensis*, est, il est vrai, différent de l'homme moderne *Homo sapiens* ; il est différent parce qu'il est très « dérivé », et il est très « dérivé » parce qu'il lui est arrivé une histoire peu banale. Né en Afrique tropicale il y a 3 millions d'années, l'homme premier s'est vite répandu au-delà des limites de son berceau ; il a d'abord couvert son continent d'origine, puis toute l'Eurasie, de l'Europe à la Chine, et ce dès 2 millions d'années au moins. Mais l'Europe n'étant qu'une étroite péninsule, les glaciations ou les périodes interglaciaires qui, durant ces derniers millions d'années, ont rafraîchi ou radouci le climat de la Terre, tout en mobilisant son eau ou en la libérant, ont isolé notre petit continent en lui construisant une double barrière du côté de l'Asie, une première de glace, une seconde d'eau à l'est de la première, la première reliant l'inlandsis du nord-ouest ou son liseré de permafrost au glacier des Alpes, la seconde joignant la mer Caspienne à la mer d'Azov, à celle de Marmara et à la mer Noire en une seule impressionnante masse liquide. Le peuplement humain de ce far-west de l'Eurasie s'est donc trouvé piégé et a subi la dérive génétique normale de toute population coupée de sa population mère – on dit « péripatrique ». Il en est résulté une humanité particulière, originale, différente certes, mais qui ne méritait pas tous les méchants traits dont on l'a affublée – « les braves gens n'aiment pas que l'on suive une autre route qu'eux » !

En fait, Neandertal était très civil ; il nous étonnerait aujourd'hui par la qualité des divers aspects de sa vie – spirituel, intellectuel, esthétique, technique. Ses connaissances de la pierre et de sa taille n'avaient rien à envier à celles de ses voisins du Proche-Orient ou d'Afrique du Nord ; à l'époque où se situe l'histoire que raconte ce livre, il y a 65 000 ans, cet homme, tourmenté par le mystère de la mort, tente de le conjurer en inhumant, avec de multiples égards, certains des défunts de son entourage et en en consommant d'autres ; il n'en néglige pas pour autant les plaisirs des vivants jusqu'aux plus nobles d'entre eux, puisqu'il se pare souvent le corps de bracelets, colliers et chevillières pour séduire, danse au fond de grottes profondes, joue de la flûte et du sifflet, et se constitue, rien que par curiosité, des collections savantes de minéraux et de fossiles. Et dire que d'aucuns pensent encore cet homme dépourvu de langage !

Mais regardez-les et écoutez-les vivre – du moins ceux d'entre eux que ce livre nous révèle –, fascinés par le monde animal si proche et si difficile à pénétrer à la fois, obsédés par la communication, le dialogue, la complicité, attentifs aux humeurs de la terre, du temps, du vent, observez-les ces Èheni et ces Wuohoun dans leurs rapports entre eux et dans ceux qu'ils entretiennent avec leur monde, dans leurs émotions, leurs passions, leurs terreurs, observez-les avec la même acuité et la même sympathie que Pierre Pelot qui, pour nous faire plaisir, vient de revenir de leur pays et de leur temps afin de nous les raconter.

Neandertal, le mal aimé

Si l'on s'amusait à établir chez les hommes fossiles un hit-parade de la célébrité, Neandertal arriverait certainement en tête, suivi de près par Cro-Magnon qui lui est souvent associé comme une sorte de faire-valoir, puis par Lucy, l'Éthiopienne, fameuse mais lointaine dans le temps et l'espace, et puis encore par les hommes de Java et de Pékin, *ex aequo,* mais cette fois éloignés dans l'histoire. Et cela est si vrai que n'importe quel ouvrage ou article racontant l'histoire de l'homme, même professionnel, commence bien par le foyer africain des australopithèques et des premiers hommes, puis s'étend bien, mais un peu tardivement, à la conquête de l'Ancien Monde qu'il s'entête à attribuer à *Homo erectus*, mais finit très mal par Neandertal et Cro-Magnon, confondant le cas particulier de l'Europe et du Moyen-Orient avec celui de l'ensemble de la planète.

Neandertal est en effet l'Européen par excellence, l'homme que notre péninsule, isolée par les glaciers successifs des dernières centaines de milliers d'années, a pris le temps de modeler aux couleurs de son environnement. Et l'ironie de l'histoire a voulu que ce soit le premier homme fossile que rencontre la science ; mais la science n'a pas toujours la clairvoyance qu'il lui faudrait posséder en permanence ; évidemment pas préparée à rencontrer quelque ancêtre que ce soit, elle a été d'abord frappée par la « laideur » de ce pauvre homme, selon les canons de la beauté de l'époque (le milieu du XIXe siècle) et l'a rejeté sur un rameau généalogique de garage ; et c'est hélas, dans bien des esprits, aujourd'hui encore, sa position.

Or Erik Trinkaus est un des meilleurs spécialistes au monde de cet homme-là ; Pat Shipman, un des plus élégants écrivains que notre communauté scientifique ait connus. C'est donc pour moi un beau privilège d'avoir à introduire leur ouvrage, à la fois plaisant et savant, sur l'homme fossile le plus maltraité de l'histoire de la paléontologie et qu'il conviendrait pourtant de remettre à sa place, élevée tant dans les domaines de l'habileté manuelle que de la pensée cognitive ou symbolique.

Tous les Neandertal

Il y a 30 000 ans – sans doute un peu moins – s'éteignait en Europe et en Asie Mineure une des branches les plus intrigantes du bouquet d'espèces qui a orné, 3 millions d'années durant, l'extravagant parcours de l'histoire du genre humain. Il y a cent cinquante ans – en fait un peu plus – étaient recueillis, en Belgique d'abord, près de Liège, à Gibraltar ensuite et puis en Allemagne, près de Düsseldorf, les premiers restes osseux de cette humanité qui dérange. C'est ce dernier site, une grotte de la vallée de Neander, au bord de la rivière Düssel, qui va lui donner son nom : Neandertal.

Et cet homme, parce qu'il intrigue et dérange, sans doute aussi parce qu'il est le premier homme fossile que l'on ait mis au jour et le premier qui ait par suite offert à l'analyse critique de nos jeunes sciences des objets à palper et à mesurer, va devenir le plus célèbre des hommes disparus. L'homme de Cro-Magnon, qui jouit aussi d'une belle notoriété, née d'ailleurs de sa comparaison avec Neandertal, n'arrive qu'en deuxième position dans ce *hit-parade* des vedettes de l'histoire de l'homme. On peut sans doute aussi y « nominer » le pithécanthrope ou homme de Java, découvert à la fin du XIXe siècle, le sinanthrope ou homme de Pékin, recueilli dans les années 1920 et 1930 et, plus récemment, grâce à leurs prénoms, les préhumains Lucy et Toumaï. Mais Neandertal demeure incontestablement le vainqueur de cette compétition.

L'homme qui est né en Afrique tropicale et s'est déployé de l'Afrique vers l'Eurasie s'est peu à peu fait moderne hors d'Europe, alors que c'est précisément en Europe – car ce petit continent s'était fait insulaire pour des raisons climatiques – qu'il est devenu Neandertal. Et comme c'est précisément en Europe que sont nées les premières réflexions sur la possible existence d'une histoire de l'homme, et que c'est aussi en Europe que les premiers hommes fossiles du monde ont été découverts, la rencontre entre préhistoriens et préhistoriques n'a pas été aisée. Encore nourris des mythes d'origine de leur éducation, les préhistoriens européens ne pouvaient en effet s'attendre qu'à découvrir des ancêtres « beaux » ! Comme les néandertaliens n'offraient pas les critères de beauté attendus, la déconvenue a été grande et elle l'a été d'autant plus que l'homme de Cro-Magnon (*Homo sapiens*), au front et au menton espérés, a été mis au jour dès 1868. Neandertal, déjà mal reçu, a été cette fois complètement déconsidéré, au-delà parfois de toute objectivité. On comprend que pareille entrée dans une science déjà lourde d'implications philosophiques n'ait pas facilité l'impartialité de l'analyse. Des travaux récents sur le langage de ces hommes par exemple, ou sur la « qualité » de leurs productions, ne sont d'ailleurs sans doute pas complètement dégagés de ces arrière-pensées apparues au XIXe siècle.

Consacrer un ouvrage savant et accessible tel que celui-ci au plus fameux des hommes fossiles de notre histoire, en apportant, grâce aux meilleurs spécialistes, l'éclairage des plus récents travaux le concernant et l'application à son endroit des techniques les plus modernes, était donc une initiative courageuse et passionnante. Le résultat est superbe et il faut en saluer le maître d'œuvre et principal coordinateur, Bernard Vandermeersch, et son élève et collaborateur, Bruno Maureille.

Le monde de Neandertal y est totalement circonscrit.

On y trouvera bien sûr exposés son origine probable et le problème d'*Homo heidelbergensis*, son prédécesseur ; le vrai ou faux mystère de son extinction ; son aire de distribution, ses extensions et ses rétractions et leur calendrier ; on y verra brosser ses portraits, le portrait de celui de l'Ouest qui nous est le plus familier, mais celui aussi de l'habitant du Levant et la manière dont se sont mis en place leurs traits particuliers ; on y lira la raison de leur spécificité possible et le degré de sa confirmation moléculaire. On suivra la famille néandertalienne et le groupe auquel elle appartient dans leur vie quotidienne, leurs voyages, leurs haltes courtes ou leurs arrêts prolongés ; on accompagnera leurs cueilleurs en campagne, leurs chasseurs en battue, leurs artisans à l'atelier. Leurs outillages seront étudiés dans leur conception, leur fabrication et leur destination en même temps que dans leur histoire à partir de certains objets d'avant – ou pas – et à l'origine de certains objets d'après – ou non. Enfin, leur vie symbolique est abordée avec toutes les réserves que son approche nécessite, mais avec aussi les évidences qu'elle propose et que l'on ne saurait sous-estimer. [...]

Notre cousin Neandertal [...] reprend les couleurs, éthique, esthétique, technologique, spirituelle, intellectuelle qui ont été les siennes après avoir souffert bien des années d'un délit de faciès et des préjugés qui l'accompagnent. Il est remis à sa place sans ostentation au cœur d'une culture dont il peut être fier. L'histoire de l'humanité doit admettre l'existence, voire la coexistence désormais incontestable de plusieurs espèces au sein d'un seul genre humain, et s'enorgueillir du génie tout aussi incontestable des cultures de toutes.

Au temps du troisième homme

C'est avant le premier ou entre le premier et le deuxième épisodes de la saga de Pierre Pelot que les hommes se sont déployés ; de la province est-africaine bien circonscrite, ils se sont d'abord agrandis aux tropiques de ce continent tout autour de la forêt sempervirente et puis, par le Bab-el-Mandeb ou le Sinaï, à toute l'Eurasie. Bien que démographiquement peu nombreux – quelques dizaines ou centaines de milliers d'individus sur l'ensemble de l'Ancien monde –, ces hommes premiers sont devenus partout, de manière uniforme parce qu'ils ont toujours circulé beaucoup et ont fait par suite beaucoup circuler leur flux génique (comme en termes élégants ces choses-là sont dites), des hommes seconds et puis des hommes troisièmes, état qui est encore celui qui nous habite. Deux exceptions naturelles – mais curieusement pas culturelles – se constatent cependant au cours de ces 2 millions d'années de transformation, l'exception indonésienne qui a vu l'homme second y prendre une allure un peu particulière et y survivre jusqu'à ce que l'île – ou les îles – ne le soit plus, et l'exception européenne qui a reçu l'homme premier, l'a modelé à sa façon jusqu'à la spéciation et l'a gardé aussi tard que l'Indonésie avait conservé le sien ; l'un s'appelle pithécanthrope, l'autre Neandertal, le premier est un homme second prolongé, le deuxième un (au moins) homme second *bis*.

Mais voici les Oourham, aux confins des vastes steppes d'Asie centrale et des premières forêts de l'est de la péninsule européenne, plus d'ailleurs du côté des unes que des autres. Ils appartiennent comme nous-mêmes au troisième état, celui qu'on appelle *sapiens* et qui, depuis une centaine de milliers d'années déjà, couvre l'Afrique et l'Asie, mais pas encore l'Europe isolée ni l'Indonésie insulaire. Ces hommes parce que leurs sociétés avaient atteint la maturité qu'il fallait pour retenir certaines innovations viennent de réaliser une vraie révolution, celle-là bien culturelle : ils ont appris – au moins certains d'entre eux – à fabriquer le feu – d'où chaleur et cuisson, protection, lumière et communication ; ils ont inventé et adopté le percuteur tendre – d'où une taille plus fine et plus précise et des outils plus élaborés et plus efficaces ; ils ont enfin – mais pas les Oourham – découvert la méthode d'extraction d'un bloc de matière première du plus grand éclat prédéterminé de pierre possible. C'est donc une période très tonique, un tournant de millénaire dont on se souviendra longtemps ; même si dans ces cultures juxtaposées, multiples et jalouses de leurs traditions et de leurs audaces et pas prêtes pour autant à emprunter à la voisine tout ce qu'elles ne possèdent pas encore, il en existe qui n'aient pas appris à battre le briquet, à sortir l'éclat Levallois à la quatorzième percussion ou à taper le caillou avec un bout de bois au lieu d'un bout de pierre, l'atmosphère de mutation technologique et de ses conséquences sociales et intellectuelles devait se sentir partout.

Mais laissons Pierre Pelot qui voyage avec une telle facilité dans le temps comme dans l'espace, nous faire connaître ces gens fiers, peut-être à l'origine de la modernité *sapiens sapiens* telle qu'elle va s'épanouir quelques instants – préhistoriquement parlant – plus tard. Vous y lirez leur génie, leurs passions, leurs fantasmes, leur mentalité et leur réflexion créative aussi ; Pierre est un peu l'ethnologue des préhistoriens, celui qui va sur place rencontrer les hommes – les hommes et les femmes naturellement, mais cette formulation est tellement politiquement bête ! –, qui apprend leur langue, s'immerge dans leur civilisation, observe leurs comportements et leurs rituels, nous les décrit, les analyse, les interprète ; Pierre l'intemporel – il faut l'appeler Paléopierre – a trouvé ce dont nous, préhistoriens, rêvions – des « informateurs », comme on dit en ethnologie, dans chacune des centaines de milliers de cultures qui ont fleuri et fleurissent toujours si joliment la Terre depuis un petit peu plus de 3 millions d'années.

L'épopée de l'homme moderne

Au XVIIIe siècle, le grand naturaliste suédois Carl von Linné proposait de nommer tous les êtres vivants par une appellation binominale latinisée, le premier terme désignant le genre, le deuxième l'espèce. Nous sommes donc des *Homo sapiens*, car nous sommes du genre *Homo*, homme – dont l'histoire a près de 3 millions d'années et qui a englobé tout un bouquet d'espèces dans le temps et dans l'espace – et nous appartenons à l'espèce *sapiens* qui a environ un demi-million d'années et qui est désormais la seule espèce du genre *Homo* vivante.

Parfois, nous parlons même d'*Homo sapiens sapiens* ; le troisième terme de cette dénomination désigne en fait la sous-espèce. Mais comme les autres sous-espèces d'*Homo sapiens*, qui ont pourtant certainement existé depuis la naissance de l'espèce, n'ont guère été nommées, *Homo sapiens sapiens* ne peut, de manière rigoureuse, se comparer à aucune autre sous-espèce. Dans ces conditions, disons que *Homo sapiens sapiens* n'est plus qu'une façon de désigner l'homme d'aujourd'hui, c'est-à-dire celui des cent derniers milliers d'années.

De qui descend-il et d'où vient-il donc cet *Homo sapiens* ? Sûrement de l'Ancien Monde, de l'Afrique et de l'Asie, voire peut-être seulement de l'Afrique. Une certitude : il vient d'une autre espèce du genre *Homo*, *Homo erectus* ; on dispose en effet de tout un lot de restes d'*Homo erectus* en cours flagrant de sapientisation.

Qu'a donc *Homo sapiens* de plus que son ancêtre ?

C'est [...] le système nerveux central qui s'est développé chez cet homme-là [...]. *Homo sapiens* s'est en effet montré plus performant qu'*Homo erectus* dans sa pensée et ses réalisations. Ce qui laisse présager [...] un homme à venir, *Homo sursapiens*, qui naturellement dépassera le précédent que nous sommes.

Mais revenons à nous : c'est aussi *Homo sapiens* qui a terminé l'exploration de la Terre et commencé celle du système de son étoile, le système solaire. Et *Homo sapiens* n'a évidemment pas fini de nous étonner !

L'odyssée de *sapiens* est donc une fantastique aventure dans le temps et l'espace, celle d'un drôle de petit mammifère à grosse tête qui cherche à comprendre comment est fait le monde et comment il marche pour en détourner éventuellement certaines fonctions à son profit. Mais la grosse tête [...] contient aussi un imaginaire extravagant qui va accompagner partout et sans cesse l'homme de raison, le faire rêver, aimer, créer, inventer avec les débordements de passion, de compétition, de pouvoir que l'on connaît, mais qui font partie de ce personnage paradoxal, « puissant et misérable », libre et responsable.

Les petits sapiens

Cette belle monographie, nouveau numéro [...] des *Cahiers de paléoanthropologie*, traite d'un sujet privilégié d'un site exceptionnel d'une région et d'une époque toutes les deux clefs pour la compréhension de l'évolution de l'humanité et de son peuplement de la Terre.

Site particulièrement important en effet que la grotte du Djebel Qafzeh puisque son remplissage moustérien a livré en plusieurs vagues de campagnes de fouilles en plus de soixante ans un nombre impressionnant de restes de squelettes humains. Sujet dont il n'est pas utile non plus de souligner l'intérêt, puisque ce travail traite des enfants et qu'il est bien évident que leurs ossements immatures apportent à la fois l'information de la polarité de la croissance et celle de la filiation des caractères examinables.

Région de passage extraordinaire, en effet, que le Proche-Orient puisqu'il a vu arriver les premiers peuplements de l'Eurasie il y a plus de 2 millions d'années, qu'il partage avec toute l'Afrique et toute l'Asic l'émergence d'*Homo sapiens* et qu'il a été la première province à voir refluer d'Europe l'homme de Neandertal ; le Proche-Orient est, peut être, en outre, la province privilégiée qui a vu aussi naître *Homo sapiens sapiens*, le fameux homme moderne, dont on ne sait toujours pas s'il a un berceau à lui tout seul ou s'il est descendu d'*Homo sapiens* partout où se trouvait ce dernier.

Époque particulièrement significative enfin que ce vieux moustérien puisqu'il représente, comme on vient de le voir, l'apparition de la sous-espèce *sapiens* qui est la nôtre et l'extraordinaire nouveau besoin d'expansion de cet homme moderne qui ne va pas tarder à rejoindre l'Amérique et l'Australie et à se déployer sur l'Europe depuis longtemps néandertalienne.

[...] Anne Marie Tillier [...] s'est [...] efforcée de défaire l'écheveau des caractères observés, de démarquer ceux qu'elle considère comme hérités de ceux qu'elle voit dériver et, dans la dynamique ontogénique que cette collection de douze enfants permet, de mettre en évidence la disparition ou non des premiers et la mise en place des seconds. Au terme de cette recherche critique, la conclusion est d'importance : les hommes fossiles de Qafzeh ont 100 000 ans et ils sont bel et bien modernes.

Sources

« Préface » *in* Françoise Le Guénédal, *Le Big Bang, l'Univers et l'Homme. Si tous les matins du monde m'étaient contés*, Paris, L'Harmattan, p. 7-8, 1995.

« Préface » *in* Jacqueline et Albert Ducros, *L'Évolution et l'Homme*, Paris, Nathan, p. 7-8, 1990.

« Préface » *in* Claude Faure, *Du big-bang à l'homme moderne*, Lyon, Édition Chronique sociale, p. 11-12, 2000.

« Postface » *in* Geneviève Laporte, *La Sublime Porte des songes*, Paris, Éditions du Rocher, p. 577-582, 1997.

« Le mythe du chaînon manquant. Il n'existe pas de chaînon intermédiaire entre l'ancêtre, le chimpanzé, et le descendant, l'homme », *Le Figaro*, 13 juillet 1995.

« Le "canard" du chaînon manquant. "Tu descends peut-être du singe, mais moi, pas", me disait ma grand-mère », *Le Figaro*, 27 février 1996.

« Préface » *in* Jean-Marie Cordy (dir.), *De la bactérie à Lucy. 4 milliards d'années de vie sur terre*, Abbaye Saint-Gérard-de-Brogne, p. 9-10, 1994.

« Préface » *in* Jean-Jacques Petter, *Primates*, Paris, Nathan, p. 10-11, 2010.

« Préface » *in* Herbert Thomas, Brigitte Senut, *Les Primates, ancêtres de l'homme*, « Guides de la préhistoire mondiale », Paris, Éditions Artcom', p. 5-6, 1999[1].

« La saga de nos ancêtres » *in* « Les origines de l'humanité », *Pour la science*, dossier hors série, p. 6-10, janvier 1999.

« Préface » *in Actes du symposium de paléontologie humaine. 5 millions d'années, l'aventure humaine*, Bruxelles, 12 au 14 septembre 1990, Liège, Eraul, p. 9-12, 1992.

« À la recherche de nos origines » *in* « Les origines de l'homme », *Historia* spécial, n° 50, p. 6-9, novembre-décembre 1997.

« Préface » *in* Gilles Berillon, Anne-Marie Bacon, François Marchal, Yvette Deloison, *Les Ausralopithèques*, « Guides de la préhistoire mondiale », Paris, Éditions Artcom', p. 5, 1999[1].

« Préface » *in* Germaine Petter et Brigitte Senut, *Lucy retrouvée*, Paris, Flammarion, p. 9-11, 1994.

« Postface » *in* Pierre Pelot, *Le Rêve de Lucy*, Paris, Le Seuil, « Points », p. 167-177, 1996[2].

« Postface » *in* Patrick Norbert et Tanino Liberatore, *Lucy, l'espoir*, Paris, Capitol Éditions, p. 72-73, 2007[3].

« Préface » *in* Katarzyna A. Kaszycka, « Status of Kromdraai cranial, mandibular and dental morphology, systematic relationships and significance of the Kromdraai Hominids », *Cahiers de paléoanthropologie*, Paris, CNRS Éditions, p. 11-12, 2002[4].

« Préface » *in* Göran Burenhult (dir.), *Les Berceaux de l'humanité. Les Premiers Hommes. Des origines à 10 000 ans avant Jésus-Christ*, Paris, Bordas, p. 8-9, 1994.

1. Les « Guides de la préhistoire mondiale » étaient dirigés par Frédéric Serre et Dominique Grimaud-Hervé ; les éditions Artcom' par Frédéric Serre.

2. La série des romans de Pierre Pelot a été réalisée avec la collaboration scientifique d'Yves Coppens.

3. La bande dessinée de Patrick Norbert et Tanino Liberatore a été réalisée avec le conseil scientifique d'Yves Coppens.

4. Les *Cahiers de paléoanthropologie* du CNRS étaient dirigés par Yves Coppens.

« Préface » *in* Sandrine Prat et François Marchal, *Les Premiers Représentants du genre Homo en Afrique. Homo rudolfensis, Homo habilis*, « Guides de la préhistoire mondiale », Paris, Éditions Artcom', p. 5-6, 2001.

« Préface » *in* Dominique Grimaud-hervé, François Marchal, Amélie Vialet et Florent Détroit, *Le Deuxième Homme en Afrique. Homo ergaster, Homo erectus*, « Guides de la préhistoire mondiale », Paris, Éditions Artcom'/Éditions Errance, p. 5-6, 2002[1].

« Préface » *in* Pierre Pelot, *Qui regarde la montagne au loin. Sous le vent du monde* t. 1, Paris, Denoël, p. 7-10, 1996[2].

« Préface » *in* Pierre Pelot, *Le Nom perdu du soleil. Sous le vent du monde* t. 2, Paris, Denoël, p. 7-9, 1998[2].

« Préface » *in* Pierre Pelot, *Avant la fin du ciel. Sous le vent du monde* t. 4, Paris, Denoël, p. 7-9, 2000[2].

« Préface » *in* Erik Trinkaus et Pat Shipman, *Les Hommes de Neandertal*, Paris, Le Seuil, p. 7, 1996.

« Préface » *in* Bernard Vandermeersch et Bruno Maureille (dir.), *Les Néandertaliens. Biologie et culture*, éd. du Comité des travaux historiques et scientifiques, p. 9-10, 2007.

« Préface » *in* Pierre Pelot, *Ceux qui parlent au bord de la pierre. Sous le vent du monde* t. 5, Paris, Denoël, p. 7-8, 2000[2].

« *Homo sapiens*, que signifie *Homo sapiens* ? » *in* Isabelle Bourdial et Pedro Lima (dir.), *Homo sapiens*, Paris, Flammarion, p. 6-8, 2004.

« Préface » *in* Anne-Marie Tillier, « Les enfants moustériens de Qafzeh. Interprétation phylogénétique et paléoauxologique », *Cahiers de paléoanthropologie*, Paris, CNRS éditions, p. 13, 1994[3].

1. Les « Guides de la préhistoire mondiale » étaient dirigés par Frédéric Serre et Dominique Grimaud-Hervé ; les éditions Artcom' par Frédéric Serre.

2. La série des romans de Pierre Pelot a été réalisée avec la collaboration scientifique d'Yves Coppens.

3. Les *Cahiers de paléoanthropologie* du CNRS étaient dirigés par Yves Coppens.

3.

L'HOMME PRÉHISTORIQUE, SON CORPS

Parler du corps de l'homme préhistorique, de celui de ses prédécesseurs et de leur évolution, c'est bien sûr faire de la paléontologie par excellence – successivement, de la paléoprimatologie et de la paléoanthropologie.

Les primates (c'est un « ordre » dans la classification zoologique classique) sont issus d'insectivores et apparaissent aux alentours de 70 millions d'années pour certains auteurs, un peu moins pour d'autres qui, comme chaque fois, ne mettent pas les frontières systématiques aux mêmes endroits. Si un groupe d'insectivores se fait donc primates, ce n'est pas par fantaisie, c'est pour s'installer dans une nouvelle niche écologique qui s'imposait à eux, celle des angiospermes, arbres (ou pas) à fleurs et donc à fruits. La « fabrication » des primates va, en effet, passer par leur adaptation à l'arboricolisme (migration des orbites en façade pour une vision en relief et une meilleure appréhension des distances, remplacement des griffes par des ongles et installation de l'opposabilité du pouce de la main et du pied aux autres doigts pour une meilleure saisie des branches) et à la consommation des fruits (amélioration de la qualité de la vision, en particulier de celle des couleurs, pour une meilleure appréhension du degré de mûrissement des fruits et transformation des dents pour une meilleure aptitude à la frugivorie).

Si l'on saute les étapes, on arrive à ce carrefour capital pour notre histoire, qui va diviser notre route, il y a une dizaine de millions d'années en Afrique tropicale, en deux grandes voies principales, celle des préchimpanzés et chimpanzés d'une part, celle des préhumains et humains d'autre part. Comme nous l'avons présenté dans le chapitre précédent, il a été montré, il y a peu de temps, que la voie préchimpanzés-chimpanzés était beaucoup plus dérivée (particulière) que certains ne l'avaient imaginée – sur les schémas, on faisait par exemple volontiers ressembler l'ancêtre commun à un petit chimpanzé ! Quant à la voie préhumains-humains, elle se caractérise notamment, comme pour les primates quelques dizaines de millions d'années auparavant, par un changement de locomotion et d'alimentation. Le corps se redresse et la locomotion devient en partie bipède, mais n'en demeure pas moins en partie arboricole ; la denture se transforme (ruban d'émail plus épais) en un équipement adapté en partie à la consommation de racines, mais n'en demeure pas moins en partie toujours amateur d'une alimentation frugivore. Si un groupe de primates, qui s'était fait hominidés (c'est une « famille » dans la classification zoologique classique), se fait donc paninés et homininés (ce sont des « sous-familles » dans la même classification), ce n'est pas par fantaisie, c'est pour s'installer dans deux niches écologiques qui s'offraient à lui, l'une certainement plus couverte que l'autre. Il a été montré, il y a peu de temps, que l'autre niche, celle dans laquelle vont s'installer et s'épanouir les préhumains (*Sahelanthropus, Orrorin, Ardipithecus*), est une forêt claire, mêlant espaces arborés et espaces graminéens. *Mes textes parleront plus volontiers de 8 millions d'années plutôt que de 10, ce qui n'est peut-être pas faux, et d'une certaine ouverture du paysage, ce qui a été confirmé, mais géographiquement trop précise (l'est de la Rift Valley) et écologiquement excessive (savane).*

Aux alentours de 4 millions d'années, le monde des préhumains se transforme encore ; c'est le temps des australopithèques et des kényanthropes. Comme chaque « fois », la locomotion et la denture de ces homininés évoluent, la première vers une bipédie plus efficace au point que, chez certains d'entre eux *(Australopithecus anamensis),* cette bipédie ne sera plus assortie d'arboricolisme, la seconde vers une consommation au sol augmentée (rubans d'émail plus épais) et même une certaine omnivorie (traces de décarnisation sur des ossements d'antilopes associés à des restes d'*Australopithecus afarensis* = Lucy). Comme chaque fois aussi, cette agressivité plus grande (que confirme l'accroissement considérable alors du dimorphisme sexuel) n'est pas une évolution d'« humeur », mais bien une adaptation à un paysage qui s'est ouvert davantage.

Vers 3 millions d'années, sûrement un petit peu moins, toute la faune, les homininés évidemment compris, est affectée par une nécessité urgente de changement, autrement dit d'adaptation. C'est une troisième ouverture (depuis celle du grand embranchement) du tapis végétal qui vient de survenir, un assèchement sévère qui exige une transformation anatomique de quiconque « veut » survivre. Notre sous-famille aura deux réponses : une robuste, une gracile ; la robuste, d'ailleurs merveilleusement diversifiée en fonction de la province biogéographique où elle s'est réalisée (*Australopithecus garhi* en Afar éthiopien, *Zinjanthropus aethiopicus* et *boisei* au Malawi, en Tanzanie, au Kenya et dans le Sud éthiopien, *Australopithecus prometheus* et *Paranthropus robustus* en Afrique du Sud), choisit la dissuasion physique comme parade – corps plus robuste, crâne aux superstructures puissantes et aux mâchoires massives à développement dentaire jugal considérable destiné à la consommation des végétaux fibreux et des fruits à coque dure qui ont résisté à la sécheresse ; la gracile, elle aussi diversifiée (*Australopithecus africanus* et *Australopithecus sediba* en Afrique du Sud, *Homo habilis* et *Homo rudolfensis* en Afrique orientale), choisit, quant à elle, la dissuasion « intellectuelle » : plus gros cerveau – surtout vrai pour *Homo* – et denture d'omnivore – la viande est cette fois bien installée dans le régime alimentaire. Mais l'accroissement du volume cérébral et de sa complexité a fait passer à cet organe une sorte de seuil de complication qui lui a fait passer un seuil de réflexion ! Et, plutôt que d'avoir « choisi », comme d'autres, de transformer ses pattes pour mieux courir (équidés) ou ses dents pour mieux manger [...] (proboscidiens, suidés), l'homme pensant est né de ce choix « innocent » du développement du cerveau pour mieux penser.

Puis l'homme se déploie de par le monde en changeant, bien sûr, peu à peu, son crâne, son cerveau, son corps, ses dents, comme il l'a toujours fait et comme il le fera très certainement dans l'avenir mais, cette fois, sous l'influence de l'environnement naturel (l'homme de Flores) ou sous celle de l'environnement culturel qu'il a lui-même créé. Et vont se succéder les divers hommes que les paléoanthropologues ont cru distinguer et à qui ils ont donné force noms latins. Leurs différences sont parfois réelles, parfois moins, mais elles n'en permettent pas moins des divisions chronologiques et géographiques autorisant des hypothèses de filiations que la paléogénétique est en train de s'efforcer de confirmer ou non.

* *
*

Le sexe des sujets de thèse

J'ai eu, dans ma carrière, comme dans toute vie universitaire normale, à accompagner bien des thèses et je n'ai pas eu l'impression d'avoir été véritablement directif dans le choix de leurs sujets. Or le bilan d'environ deux cents titres – ce qui est tout de même un début de statistique – a fait apparaître un curieux tableau « sexué » ! Les garçons avaient souhaité, pour la plupart, travailler sur le crâne, le cerveau, la face, les mâchoires, les dents, la colonne vertébrale, la moelle épinière ; les filles sur les membres supérieurs, le coude, le poignet, la main, les membres inférieurs, le bassin, le genou, le pied, la locomotion, la parturition, le centre ou les centres de gravité ! Que conclure ?

Confronté à la symbolique de ces régions du corps et de leur signification (au moins dans nos cultures et à notre époque), tout a eu l'air de se passer comme si les garçons, flottant un peu au-dessus de la réalité, avaient cherché les parties dites nobles, le système nerveux central et l'expression de son activité, et comme si les filles avaient privilégié la solidité dans le port et le déplacement, la stabilité dans l'assise, la liberté de la saisie et bien sûr la lecture de la reproduction. Quoi d'anormal finalement dans ce constat ? Sans doute rien que d'attendu. La femme est donc bien sur terre ; l'enfant, le mâle, la société et l'humanité tout entière, quand ils se sentent vaciller, peuvent s'accrocher à son cou. Voilà dans quel « épouvantable » état d'esprit j'étais lorsque Jean-Pierre Duhard m'a fait l'honneur [...] de me demander une préface pour un livre de recettes de sa maman ! Jean-Pierre Duhard, gynécologue et passionné de préhistoire, avait beaucoup travaillé sur les représentations féminines d'abord et puis masculines, du répertoire rupestre et mobilier du paléolithique supérieur ; nous nous étions connus à l'époque de ses bilans sur les unes et les autres, toutes les deux aussi intéressantes bien qu'inégalement représentées quantitativement et qualitativement, à l'avantage d'ailleurs des figures féminines. Et le voici cette fois en fils, impressionné et à juste titre ému devant le talent et, par-delà son art, devant le rôle fédérateur de sa mère qui avait su, sa vie durant, assurer la cohésion affective et efficace de toute la famille autour de sa table.

Si l'on plonge dans l'histoire de l'humain pour mieux comprendre l'installation de la femme dans ces fonctions-là, si tant est qu'elles n'aient pas toujours été les siennes, que trouve-t-on ? Une émergence de petits mammifères appelés primates il y a 70 millions d'années, démarqués des autres insectivores parce qu'ils se sont mis à grimper aux arbres et à manger des fruits, et une émergence de grands primates appelés hominidés[1] il y a

1. Les préhumains ou homininés sont parfois appelés hominidés, de manière plus confortable mais impropre.

10 millions d'années, démarqués des autres parce qu'ils ont dû s'adapter à la dégradation de la forêt qui avait pourtant été leur habitat 60 millions d'années durant. La préhumaine Lucy, par exemple, que la savane a donc faite, s'est trouvée ainsi chargée d'une responsabilité nouvelle, ou, en tout cas, accrue : défendre ses petits comme elle l'avait toujours fait, mais les défendre dans un milieu découvert où ils étaient devenus beaucoup plus vulnérables.

Cela a bien sûr entraîné le rapprochement de la mère et de l'enfant et l'allongement de la durée de cette proximité. L'apparition de l'orgasme chez la femme en même temps que celle de sa disponibilité tout au long de l'année, le renforcement chez l'homme de la pulsion sexuelle en même temps que celui de son urgence, ajoutés à l'émergence de la conscience et de l'émotion nées, il y a 3 millions d'années, d'une nouvelle dégradation encore plus sévère du paysage, ont aussi participé à rapprocher plus longtemps hommes et femmes. On peut dire, en raccourci, que ce sont les changements climatiques qui ont entraîné une plus grande nécessité de protection et permis, avec le rapprochement et la réflexion, le développement de l'amour.

Mais, en même temps que cette dernière adaptation, en est aussi apparue une autre : la nécessité d'ajouter de la viande au menu végétarien. Or cette innovation dans le régime s'est forcément accompagnée d'un partage des tâches. Il y a en effet quelque chance pour que ce soit l'homme, libre de son corps, qui ait été, au moins le plus souvent, le chasseur et pour que ce soit la femme, aux enfants dans le ventre ou au sein, qui ait rempli le rôle de cueilleur. Sans que ces rôles aient été exclusifs l'un de l'autre – l'homme a pu parfois cueillir et la femme attraper de petites proies –, il est probable qu'ils aient été quand même majoritairement sexués.

Nous voici donc avec une femme qui, par-delà sa fonction de portage de l'enfant, sans partage pour le moment, a acquis ou accru historiquement son rôle dans la sécurité, la stabilité, l'apprentissage ; c'est autour d'elle et des repas qu'elle confectionne que se retrouvent tous les membres du clan et s'organise une grande partie de la vie. Les reliefs de repas carnés étant plus fossilisables que les autres, il a d'ailleurs été constaté que, si certains gibiers avaient été consommés sur place, bien des pièces de viande avaient été rapportées aux camps de base, c'est-à-dire aux femmes et aux enfants. La sédentarisation survenue il y a 10 000 ans ne fera qu'accuser les choses. Sans craindre de verser dans le sexisme, nous voici installés dans une tradition de sécurité de 10 millions d'années et une tradition de stabilité de 3 !

Mais depuis 1 milliard d'années qu'existe la reproduction sexuée, la diversité des êtres est ainsi faite qu'aucun d'entre nous ne ressemble parfaitement à un autre. Les traits qui viennent d'être énoncés demeurent ainsi extrêmement généraux, et ne se trouvent par suite applicables que de manière très différentielle à chacune des 50 milliards de femmes qui existent ou ont existé depuis l'émergence du genre humain. Germaine Duhard en est un bon exemple ; disparue à 88 ans, elle nous apparaît ainsi, quant à elle, exceptionnelle dans les rôles décrits dans les lignes précédentes. Je voudrais, en hommage à sa mémoire, insister sur la passion et la précision de son savoir-faire, son désir de l'améliorer et de bien le transmettre. Je voudrais insister sur son souci permanent d'inviter et de faire plaisir, d'apprécier que l'on apprécie et, consciemment ou pas, de maintenir de cette façon élégante, généreuse et agréable, le lien entre toutes les personnes de la famille, de ses alliés et de ses amis, quels qu'en aient été le sexe et la génération. Je ne m'exprimerai pas sur la facette gastronomique de l'ouvrage, je n'en ai hélas pas la compétence. Je regrette seulement de n'avoir pas connu et été un des invités de Mme Duhard.

Remercions vivement Jean-Pierre Duhard d'avoir eu l'idée de faire faire à sa mère cet effort de mémoire et d'écriture et d'avoir ainsi rendu hommage à sa personne, à son talent et à son rôle. Remercions-le aussi d'avoir ainsi sauvé un important corpus de recettes traditionnelles, reflet de la culture de cette région du Sud-Ouest (élargi) de la France, Charente, Gironde,

Périgord, mais sauvé aussi un ouvrage de créations culinaires. Quant à moi je le remercie évidemment personnellement, d'avoir eu l'idée de me confier cette préface si particulière, pour un auteur si proche de lui et un sujet si éloigné du mien.

Le crâne

Il a fallu un demi-milliard d'années pour passer d'une région céphalique antérieure, solidaire d'un corps totalement immergé, à une tête supérieure, mobile au bout d'un vrai cou, généreusement démarquée d'un corps totalement redressé ; on comprendra mieux ainsi la merveilleuse complexité du squelette de la tête humaine, tout à la fois héritier de cette longue histoire et porteur d'un grand nombre d'adaptations nouvelles, mécaniques et fonctionnelles.

C'est à l'étude de cette extraordinaire structure, la plus belle des boîtes, que s'est livré le professeur Jacques Bories, si familier de son anatomie qu'il est parvenu à nous en offrir une description complète et pourtant simple ; il faut dire qu'à sa connaissance ostéologique du crâne sec est venue s'ajouter sa fréquentation professionnelle des approches électromagnétique, électronique ou nucléaire de la radiographie, de la tomodensitométrie ou scanographie et de la résonance magnétique. Il en est résulté, pour son livre, une richesse iconographique sans précédent due à la volonté de l'auteur de multiplier dessins et coupes et due aussi de sa part à celle d'y faire figurer l'imagerie magique de l'exploration du crâne par les rayons ou signaux précédemment cités.

Oserai-je avouer que je me suis « régalé » de ce discours passionnant et passionné et de son contrepoint d'illustrations, comme des multiples démonstrations d'arrimages, d'accrochages, d'engrenages, d'encastrements ou d'articulations, saisies entre une terminologie d'architecte et un vocabulaire de navigateur ; pour qu'aucune forme, aucune structure, aucun contact ne soit laissé sans explication, les vingt et une pièces du crâne sont ainsi examinées, une à une, mais aussi dans leurs rapports et leur ensemble, comme sont racontées leur histoire embryologique et celle de leur transformation au long de la vie de chacun. Un peu coffre-fort, un peu passoire, le crâne humain, protection précieuse et machine indispensable, apparaît ainsi comme l'objet composite le plus compliqué du squelette qu'il est bien évidemment, noble au point qu'avec condescendance on nomme parfois postcrânien le reste, mais il apparaît aussi comme un fantastique puzzle de précision, ajusté avec rigueur et habileté, efficacité et beauté.

Je trouve en effet le crâne humain particulièrement beau et je remercie d'autant plus le savant auteur de cet ouvrage, aussi fascinant qu'utile, de m'avoir fait le grand honneur de m'en avoir offert la préface.

Le cou

Un de mes anciens grands « patrons », Camille Arambourg, professeur de paléontologie au Muséum national d'histoire naturelle, avait coutume de qualifier, non sans humour, certains de ses collègues de « philatélistes » ! Il voulait évidemment dire que bien des paléontologistes n'avaient que trop tendance à considérer le fossile qu'ils étudiaient comme un « objet », statique et isolé, et non comme un élément d'un ensemble qui avait vécu, ensemble qui avait même fait partie d'un système. Il aurait été, j'en suis persuadé, enchanté par ce mémoire de Michel Sakka.

Consacré à l'étude comparée de la région cervico-céphalique dorsale de l'homme et des grands singes, ce travail d'anatomie est, en effet, par excellence, l'œuvre d'un biologiste. Michel Sakka, partout et à chaque instant, nous y parle de mouvements et de rapports, de transformations et d'évolution et nomme cet éclairage dynamique des structures biologiques, combien plus réel que la vision figée de ceux-là mêmes que combattait Arambourg, la morphologie évolutive. Ce travail représente, en ce sens, une de ces recherches exemplaires qui devraient désormais précéder toute étude de paléontologie réductionniste par nature. [...]

Mémoire d'anatomie comparée donc, manifeste de morphologie évolutive, ce *Cahier* est aussi de temps en temps, de manière plus inattendue, un manuel, d'ailleurs critique, de conseils, de méthodes et de techniques. Michel Sakka est médecin ; il a exercé, bien des années, le beau métier de chirurgien ; Michel Sakka est aussi enseignant ; il a toujours tenu à consacrer une partie de son temps à la diffusion de ses connaissances. Or il fait bénéficier ici ses lecteurs, de ces deux expériences. La dissection y apparaît, à juste raison, comme la source fondamentale d'information de l'anatomiste, comme son « terrain » aime-t-il à dire, en empruntant sa terminologie au paléontologiste ; elle entraîne descriptions, dessins, comparaisons, intégration dans une mécanique et projection dans le temps et le langage y est l'objet d'un soin tout particulier ; significations des mots, concepts nouveaux, notions anciennes, précisions, mises en garde se rencontrent partout tout au long du texte.

Nous nous réjouissons beaucoup de voir paraître, chez les paléontologistes, ce grand travail d'anatomie. Mais la perspective évolutive n'en est pas moins partout présente et les formes décrites le sont comme celles éphémères d'un moment, aboutissement provisoire d'une longue histoire dans l'attente de nouvelles transformations. [...]

L'articulation de la mâchoire

Dans ce nouveau *Cahier*, le septième, Pascal Picq, physicien et biologiste, nous offre le résultat impressionnant de ses travaux sur cette articulation si particulière que l'on appelle familièrement l'ATM ou articulation temporo-mandibulaire ; c'est en effet la seule articulation paire aussi mobile que l'on connaisse, c'est aussi la seule articulation qui se trouve non seulement liée par un seul os [...], mais encore dotée de ménisques au même titre qu'un genou ou un poignet.

La recherche de Pascal Picq a d'abord été descriptive à Paris [...], puis elle devint expérimentale à Durham, en Caroline du Nord, à Duke University où William Hylander, qui le reçut cinq ans dans son laboratoire, lui offrit la possibilité d'utiliser une chaîne opératoire expérimentale et analytique unique au monde : des rosettes de déformation, composées de jauges ou circuits électriques d'orientations différentes, pouvaient être fixées sur les os d'animaux sur lesquels portait l'expérience, tandis que des électrodes l'étaient sur leurs muscles ; les mouvements des parties étudiées du corps, le travail de leurs muscles et la déformation consécutive de leurs os se trouvaient du même coup enregistrés au fur et à mesure des fluctuations des courants électriques par un traitement informatique couplé. Grâce à la physique des matériaux, il devenait ainsi possible de comprendre, en termes de mécanique du corps, l'architectonique de la région examinée, résultat d'un équilibre entre contraintes fonctionnelles et caractéristiques morphologiques, métriques et géométriques. Or, par-delà ces analyses anatomiques et biomécaniques comparées, Pascal Picq se risqua, pour notre plus grand intérêt, à projeter, sur le monde des hominidés fossiles, ses observations *in vivo* ; il s'en dégagea des informations de la plus grande importance sur la raison d'être de certaines structures et sur les processus possibles de leurs transformations, en d'autres termes, sur des éléments de réponse aux questions : « Pourquoi et comment les hommes ont-ils évolué ? »

Comme cette fameuse ATM est à la fois partie intégrante de la face pour la fonction et du basicrâne pour la situation, son évolution se trouve avoir été liée de manière intime à tous les grands événements de l'histoire de l'homme : redressement du corps et nouvelle position du crâne, développement du cerveau, réduction et transformation de la face, évolution de la denture, descente du larynx, etc., puisque ces événements ont tous affecté ces deux régions du crâne ; et comme, en outre, la base du crâne se transforme de manière spectaculaire, que cette transformation favorise le développement du cerveau et, par voie de conséquence, l'apprentissage de l'outil et l'organisation de la société, on en vient, par une démarche logique et douce à déduire de l'évolution de l'ATM, l'évolution de notre comportement et la mise en place de la stratégie qui a fait le succès de notre histoire, l'exploitation de niches écologiques inaccessibles à la concurrence.

Il est impressionnant de prendre conscience du nombre de facteurs qui entrent alors dans le jeu complexe de la transformation de cette articulation, en fonction de l'évolution du reste de l'organisme : force et recrutement des muscles participant à la mastication, forme de la mandibule, dimensions et proportions des dents, dimensions et position des condyles au-dessus du plan occlusal, etc.

Un des mérites de Pascal Picq a été d'utiliser son expérience théorique et pratique exceptionnelle pour proposer un modèle biomécanique de fonctionnement de ce levier, d'en démontrer les contraintes, d'en exposer et d'en rechercher la répartition entre les deux articulations en fonction de l'anatomie et du régime – autant d'aspects négligés, voire niés par les auteurs précédents.

On y comprend l'originalité du travail de la machine à moudre des australopithèques qui, en agrandissant la taille de leurs condyles, en allongeant le bras du levier de leurs muscles et en réduisant celui de leurs dents (dont, par ailleurs, la surface s'accroît), augmentent considérablement le rendement et la vigueur de leur mastication ; on y constate, avec l'attention que ces conclusions méritent, les affinités incontestables d'*Australopithecus afarensis* et d'*Australopithecus*[1] *aethiopicus*, celles d'*Australopithecus africanus* et d'*Homo habilis* et l'évolution graduelle de ce qu'il est convenu d'appeler de manière très inconfortable *Homo erectus* et *Homo sapiens*, etc.

Toute analyse rigoureuse et approfondie d'une simple partie du corps peut se révéler ainsi non seulement utile, mais nécessaire à la compréhension de l'évolution de l'ensemble de notre organisme ; il ne peut être question de confondre la partie et le tout et de n'appuyer l'histoire de l'homme que sur l'éclairage de l'histoire d'une seule articulation. Mais l'apport de sa lecture, joint à l'information des autres éléments anatomiques, microstructuraux, moléculaires, immunologiques, cytogénétiques, n'en demeure pas moins essentiel à la bonne écriture de la plus grande des aventures : l'aventure humaine.

Les dents dedans

Fernando Ramirez-Rozzi est devenu, en quelques années, un des meilleurs spécialistes au monde de la microstructure de l'émail dentaire des hominidés et, par suite, de ses implications ontogénétiques, systématiques et environnementales. Cet ouvrage-ci, son

1. Appelé aussi *Zinjanthropus*.

premier, est donc particulièrement intéressant et important, et il l'est d'autant plus qu'il traite de l'épisode le plus riche de l'histoire des hominidés, la période de 2 à 3 millions d'années, témoin de l'accroissement de la diversité des taxons préhumains et humains, de l'émergence des « gros » australopithèques et de celle des premiers hommes.

Fernando Ramirez-Rozzi est arrivé dans mon laboratoire un beau jour des années 1980 (avancées), tout frais émoulu de l'Université de La Plata et gourmand d'australopithèques. Il se trouvait que j'étais rentré moi-même à Paris d'une vingtaine d'années d'Afrique, un beau jour des années 1970 (très avancées), les poches pleines de restes d'australopithèques et d'hommes très anciens. Il était donc facile de faire affaire, ce que nous fîmes, mais nous le fîmes seulement après avoir réduit les appétits sympathiques du premier programme de Fernando qui couvrait généreusement « tout ce qu'un paléoanthropologue voudrait savoir sur les australopithèques » ; sa thèse se contentait en effet plus raisonnablement de l'intimité de l'analyse de l'émail de leurs dents !

C'est donc un plaisir pour moi d'introduire et de publier un nouveau et beau *Cahier de paléoanthropologie* qui est aussi un travail de paléontologie est-africaine, travail qui, par le truchement insolite du comptage de stries ou de bandes de croissance, va confirmer la réalité de nos créations – *Australopithecus*[1] *aethiopicus* (Arambourg et Coppens), 1967 ; *Australopithecus afarensis* (Johanson, White et Coppens), 1978 – et conforter nos déclarations provocantes d'il y a maintenant plus de vingt ans et désormais très à la mode – c'est un changement climatique qui a fait l'homme et les australopithèques robustes. Quel bonheur d'avoir des élèves qui s'affirment sans vous contredire !

Le membre supérieur

[…] Dans une brillante analyse anatomique du membre supérieur des hominidés de cette période charnière qui voit vivre en Afrique orientale et méridionale les derniers ancêtres de l'homme et apparaître les premiers hommes, étude menée en outre dans une large perspective de comparaisons effectuées à travers l'ensemble de l'ordre des primates, […] Brigitte Senut est parvenue à mettre en évidence un grand nombre de traits fort intéressants qui prennent une valeur systématique et fonctionnelle ; les australopithécinés se serviraient peut-être encore de leurs membres supérieurs dans la locomotion tandis que, dès le pliocène supérieur, apparaîtrait la morphologie moderne, indiscernable de celle de l'homme actuel. […]

1. Appelé aussi *Zinjanthropus*.

Le coude

Ce nouveau volume des *Cahiers de paléoanthropologie*, le sixième, est à nouveau dû au remarquable travail de Brigitte Senut, déjà auteur du second des *Cahiers* paru en 1981 ; sa recherche portait alors sur l'humérus et ses articulations chez les hominidés du plio-pléistocène et il est intéressant de rappeler que c'est ce mémoire qui avait attiré l'attention sur la coexistence possible au pliocène supérieur de deux hominidés, au Kenya et en Éthiopie, l'un représentant une forme ancienne d'australopithèque, l'autre une forme rapportable au genre *Homo*, question encore débattue aujourd'hui[1].

Cet ouvrage-ci sur le coude chez les primates hominoïdes élargit la recherche précédente à l'ensemble des trois os longs du membre antérieur, l'humérus, le radius et l'ulna et à l'articulation qu'ils partagent, accroît sa perspective à l'examen de l'ensemble des restes oligocènes et miocènes de ces os attribuables à des membres de la superfamille des *Hominoidea* et comparativement à l'ensemble de ceux des primates tout court et multiplie les approches méthodologiques pour mieux en appréhender l'analyse.

1. Forme reconnue depuis et appelée *Australopithecus anamensis*.

Il s'agit d'un travail d'anatomie d'abord ; il convient à cet égard de rendre hommage à la qualité de la description qu'il propose de la totalité des fragments connus des trois os étudiés appartenant aux représentants des hominoïdés d'Afrique, d'Europe et d'Asie ; une centaine de fossiles sont ainsi examinés et figurés. Cette monographie avec ses conclusions sur les caractères des pièces des différentes périodes, les tableaux qui les récapitulent et les considérations de synthèse sur l'évolution de cette partie du corps représente un travail particulièrement consciencieux qui sera certainement la référence pour bien des décennies.

Mais l'auteur, formée à l'approche paléontologique, ne s'arrête évidemment pas à la seule étude anatomique ; elle la prolonge de manière tout à fait intéressante par l'interprétation des traits précédemment décrits pour les utiliser dans un essai de classification hennigienne. Et la construction des cladogrammes auxquels cette analyse critique aboutit est justifiée de manière parfaitement claire en termes d'ancestralité ou de dérive dans une très ample perspective comparative.

Enfin, les pièces déterminées et rangées dans le temps et la phylogénie, il convient de ne pas oublier qu'elles ont fait partie d'êtres qui ont vécu ; Brigitte Senut tente ainsi, avec toutes les réserves qui s'imposent, de traduire en mouvements les modelés des os étudiés. Une analyse comparée des rapports de la morphologie avec les activités des membres antérieurs, fait s'animer les hominoïdés fossiles de l'oligocène et du miocène de manière surprenante.

Ce travail à multiples facettes se permet donc, au travers de l'examen particulièrement poussé de trois os longs et de leur articulation, de réaliser une révision de l'histoire et de l'éthologie de tous les primates hominoïdes de l'ancien monde durant une trentaine de millions d'années. On y apprend, parmi bien des choses nouvelles, que le proconsul est bien un hominoïdé et *Oreopithecus* aussi, que *Pliopithecus* et *Dendropithecus* sont des formes tout à fait primitives et très à part de toutes les autres et que notre locomotion, la bipédie, a pour ancêtre la quadrupédie et le grimper arboricole. Cette dernière conclusion, par son importance en tant que telle mais aussi dans le débat international, valait à elle seule l'entreprise de cette recherche. Saluons en encore la qualité, l'élégance du traitement, l'intérêt des résultats. Et remercions son auteur de l'avoir confiée aux *Cahiers de paléoanthropologie*.

La main

J'ose user de mon droit de préfacier pour dédier cet important dossier à la mémoire de deux de nos grands anciens, de formations et d'expressions différentes, mais de visions voisines, Jean Piveteau dont le dernier livre, superbement écrit à 92 ans, portait précisément sur la main et l'hominisation et André Leroi-Gourhan dont toute l'œuvre s'est penchée, avec la qualité que l'on sait, sur l'outil et sur l'art, sur ce qu'il appelait justement le geste.

Il y a 500 millions d'années, la main était palette ; elle frappait l'eau avec vigueur et habileté, entraînant vers leurs proies, antiarches ou arthrodires aux corps encore rigides.

Il y a 300 millions d'années, la main était appui ; elle poussait le sol avec force et courage, déplaçant vers les flaques stégocéphales ou reptiles aux corps traînant encore par terre.

Il y a 50 millions d'années, la main était saisie ; elle embrassait l'arbre avec ardeur et générosité, soulevant vers les fruits mûrs strepsirhiniens ou plésiadapiformes aux corps depuis longtemps souples.

Il y a 3 millions d'années, la main était discernement ; elle choisissait la pierre avec réflexion et goût, avant d'en changer la forme pour créer ce prolongement du corps que l'on appelle outil.

Et la main donna à l'homme son âme.

Il n'est donc de plus beau sujet que celui-là, ni de plus heureux préfacier que moi.

Les *Dossiers d'archéologie* ont en effet retenu ce grand thème et réuni pour en parler les meilleurs auteurs ; de sa phylogénie à sa biomécanique, de son anatomie, molle ou squelettique, à sa figuration, rituelle ou esthétique, la main y est présentée dans les plus importantes de ses facettes.

Il est bien sûr impressionnant d'en suivre d'abord la libération progressive au fil du redressement du corps et du développement de la bipédie, l'orthostatisme ayant pu être à la fois la raison de l'usage des mains dans le portage et la saisie ou sa conséquence ; je profite de cette tribune pour dire une nouvelle fois ici que l'invention de l'outil au second degré fut l'œuvre du préhumain que l'on nomme australopithèque, il y a plus de 3 millions d'années, grâce à des mains seulement partiellement libérées de leur fonction locomotrice[1].

Il est ensuite fascinant d'en percevoir l'habileté grandissante au fil du grossissement du cerveau et du développement de son néocortex, l'encéphalisation ayant pu être à la fois l'origine du progrès et de la diversification des techniques au fur et à mesure que se multipliaient les activités des hommes, ou sa conséquence ; je profite à nouveau de cette tribune pour rappeler que c'est l'évolution exponentielle de ce milieu culturel, beaucoup moins rapide d'abord que l'évolution biologique et puis, à partir de 100 000 ans seulement, beaucoup plus rapide qu'elle, qui a donné

1. Proposition qui n'a pas été, pour le moment, confirmée.

à l'homme, en remplaçant ses instincts par son libre arbitre, sa liberté et sa responsabilité.

Il est enfin émouvant d'en rencontrer, à partir de l'instant où l'homme projette ce qu'il sait qu'il sait sur des supports durables, les réalisations artistiques et parmi elles ses fréquents autoportraits, un certain degré de réflexion ayant pu être la raison de ce besoin nouveau de figuration, mais sans doute aussi sa conséquence. Je profite une dernière fois de cette tribune pour déclarer combien ces peintures, positives ou négatives, ces gravures, ces sculptures, dans leurs situations préférentielles, leurs compositions, leurs associations, codées mais incontestables, constituent la première écriture, 35 000 années avant celle conventionnelle et linéaire que l'on a coutume de considérer comme la plus ancienne.

Extraordinaire outil, direct ou indirect, de la saisie comme du toucher, de la technique comme de la pensée, de l'écriture comme de la parole, la main est sans aucun doute l'organe qui a participé le plus à faire de l'homme un drôle de petit mammifère doté de dignité. Ce dossier participe merveilleusement à l'admiration qu'il convient ainsi de manifester devant la complexité « magique » de cette simple extrémité d'un membre, le membre antérieur, celui que l'on nomme désormais avec inconscience mais tact, le membre supérieur !

Le doigt

Dans le monde immense et si varié des vertébrés, l'homme présente un aspect – si j'osais, je dirais un « look » – à aucun autre pareil : une tête énorme sur un corps vertical aux membres supérieurs en pendant !

Un beau jour d'il y a 8 millions d'années en effet, la forêt de son Afrique originelle s'est ouverte ; un coup de sécheresse en a fait une savane[1] beaucoup moins protégée ; et l'étrange station debout que cet homme, pas tout à fait homme, a alors adoptée a été la seule parade qu'il ait trouvée à cette exposition subite aux prédateurs et à la terrible vulnérabilité qui en était résultée. À nouveau port, nouveau moteur et nouveaux comportements ; l'encéphale a changé, il a grossi, il a été mieux irrigué, la locomotion toujours arboricole s'est agrémentée d'une locomotion bipède, l'alimentation frugivore enrichie d'une alimentation tuberculeuse et l'entreprise a été si fructueuse que l'hominidé aux bras ballants et aux mains vacantes a vaincu la crise et s'est multiplié dans les vastes paysages découverts qui s'étiraient alors entre le chapelet des lacs du Rift, la mer Rouge et l'océan Indien[2].

1. On dit désormais une forêt claire.

2. On ajoute aujourd'hui les provinces centrafricaines et peut-être sud-africaines.

La voilà donc cette drôle de pince suspendue qui saisissait, ramassait, portait et jetait depuis déjà longtemps ; la voilà donc, un beau jour d'il y a 3 millions d'années, qui prend un caillou et puis un autre, et se met à frapper l'un avec l'autre pour changer au profit de son porteur la forme du premier. Au beau milieu d'un monde depuis des milliards d'années naturel, la voilà cette main qui se fait le premier instrument de la création d'un monde nouveau, un monde qu'elle transforme de manière délibérée, un monde que l'on appelle culturel ; c'est elle qui, la première, va rendre l'homme conscient du fait extravagant qu'il peut, s'il le veut, changer le monde.

En dialogue permanent avec le cerveau qui réfléchit, range, associe, découvre, invente et la parole qui communique, échange, traduit, transmet, éclaire, la main ne va ainsi plus cesser d'explorer, organiser, modeler, assembler, créer. Et l'homme ne va plus cesser de penser, de fabriquer, d'améliorer, d'imaginer, de construire. Et la ronde cerveau-main-parole, parole-cerveau-main, main-parole-cerveau, ne va plus cesser de tourner.

Organe du toucher par excellence, mais aussi du geste, « la main est (vraiment) une chose à part », écrit quelque part Heidegger. Et Paul Valéry, dans son fameux discours aux chirurgiens, s'exclame : « Comment trouver une formule pour cet appareil qui tour à tour frappe et bénit, reçoit et donne, alimente, prête serment, bat la mesure, lit chez l'aveugle, parle pour le muet, se tend vers l'ami, se dresse contre l'adversaire et qui se fait tenaille, marteau, alphabet ? »

C'est le docteur Dominique Sassoon, coéditeur avec Michel Romain de cette monumentale monographie sur la réadaptation de la main, qui a commis lui-même l'imprudence de m'en offrir les quelques lignes d'introduction. Convaincu, par l'importance de la main aussi bien dans le passé que dans le présent, le docteur Sassoon m'a semblé plus inquiet en ce qui concernait l'avenir de cette partie du corps.

Il est vrai, cher docteur, que rien n'est stable, ni l'Univers, ni le système solaire, ni la Terre, ni la vie, ni l'homme. Il n'y a donc pas plus de raison de penser en termes d'éternité à l'avenir d'une planète, à celui d'une espèce ou à celui d'une société, qu'à celui de l'extrémité d'un membre, de sa morphologie ou de sa fonction. Il est, par contre, quelque peu réducteur d'imaginer, avec d'ailleurs la nostalgie de mauvais aloi qui accompagne d'ordinaire ce type de regrets, que le « manuel » va s'effacer devant le « digital » et que la démanualisation va devenir irréversible, comme l'ont écrit André Leroi-Gourhan ou plus récemment Christophe David.

Notre monde culturel, nos connaissances, nos technologies et, par suite, nos comportements changent en effet ; les fonctions de la main changent donc en partie elles aussi, mais celles anciennes qui demeurent et à plus forte raison celles nouvelles qui apparaissent n'en sont pas moins essentielles. Le dialogue qu'elles entretiennent avec le cerveau et la parole, même si parfois l'intelligence est artificielle et la voix de synthèse, n'est ni arrêté, ni même ralenti ; il est seulement un peu différent. À l'horizon qui nous est perceptible, la main reste donc organe de saisie, de prise, de toucher et de tact, organe du faire et du prendre, organe du possible (Valéry), organe du proche et de l'immédiat (Merleau-Ponty), organe de sens (Levinas), organe du geste descriptif, rhétorique, symbolique, outil et outil à faire des outils. Avec le cerveau, la main demeure et pour longtemps, à l'échelle de la vie de nos sociétés, ce que l'on nomme parfois, en grossissant certes un pcu le trait, l'autre partie du corps.

Merci, docteur, de m'avoir offert cette ouverture. Continuez à réparer, rééduquer, réadapter, aux gestes de la vie, aux fonctions du travail, ces mains que l'on vous confie. Nous, qui ne sommes pas de l'art, tenons à vous dire toute notre admiration, toute notre reconnaissance pour les extraordinaires réalisations de votre grand métier.

Le bassin

Le pelvis, constitué, comme chacun sait, par l'os coxal et le sacrum, l'un se comportant comme un ensemble d'os longs, l'autre comme un ensemble de vertèbres, est une des parties du squelette les plus difficiles à étudier. Ce n'en est pas moins en soi un ensemble anatomique fondamental, partageant fonctions locomotrices et obstétricales, contraintes viscérales et gravitationnelles, dont on mesure sans peine l'importance en paléoanthropologie.

Ce travail de Christine Berge prend en compte la morphologie du pelvis de tous les singes de l'ancien monde et en propose une brillante analyse comparée, métrique et fonctionnelle. Diverses méthodes multidimensionnelles appropriées s'emploient d'abord habilement à distinguer allométries et adaptations, et l'auteur débouche ainsi et avec élégance sur d'étonnantes conclusions qui concernent aussi bien la station, la locomotion, la parturition que le processus évolutif et la phylogénie : les hommes descendent des australopithèques graciles, le passage des uns aux autres ayant dû se faire par hétérochronie de développement ; les australopithèques, mal à l'aise au garde à vous, devaient avoir pratiqué une marche bipède instable mais rapide avec rotation des épaules et du bassin autour de la colonne vertébrale ; parce que leur corps était redressé, ils devaient avoir eu, en outre, une mécanique obstétricale complexe, avec flexion, déflexion et torsion du nouveau-né avant une parturition ventrale, etc. En d'autres termes, la petite Lucy, parce qu'elle grimpait encore, marchait mal, mais n'en marchait pas moins sur ses pattes de derrière ; on peut dire par contre qu'elle accouchait bien, c'est-à-dire comme une femme, dont elle représente incontestablement, directement ou indirectement, l'ancêtre. [...]

Le genou

[...] Christine Tardieu s'est [...] attachée ici à l'étude toujours difficile d'une articulation ; elle l'a fait avec beaucoup de rigueur et de méthode, dans une très large perspective zoologique et paléontologique comparée ; l'application aux hominidés qui en découle est de toute première importance. Une bipédie originale apparaît, obligeant à une réflexion nouvelle sur notre histoire biologique et à une révision de tout l'appareil taxinomique et phylogénique qui l'accompagne. Force sera de reconnaître un jour, si ce n'est fait, que cette étude est celle qui a poussé le plus loin l'analyse de l'articulation du genou des hominidés et obtenu les nuances les plus fines dans son interprétation fonctionnelle et ses implications[1].

Je voudrais profiter de cette tribune pour dire ma fierté d'être celui dont les cours de paléoanthropologie à l'UER des sciences sociales de la Sorbonne ont détourné Christine Tardieu de son orientation première ! [...]

1. Le genou de Lucy a montré, par exemple, que, si ce préhumain marchait, il n'en grimpait pas moins.

Le pied

Il manquait des pieds aux *Cahiers de paléoanthropologie* ; grâce à Gilles Bérillon, les voici.

Il n'est pas difficile de comprendre combien cette partie du corps est à la fois compliquée et importante. Gilles Bérillon a su la saisir dans l'ontogenèse – il faut chercher la façon dont le pied se construit, dit-il –, dans une large perspective temporelle – il part du proconsul de quelque 20 millions d'années – et dans une approche architecturale originale – la structure de l'ensemble l'intéresse par-delà l'addition des parties. Et court le texte savant de pied en pied, de voûte plantaire en affaissement, d'adduction du premier rayon en opposabilité, de torsion du cunéiforme en flexion du métatarsien ; et de pied en pied viennent se ranger, comme par magie, les modèles architecturaux et les mouvements qui s'en déduisent.

Très beau travail donc que je salue, dans le catalogue qu'il nous apporte, dans le traitement des éléments de son inventaire (angles, variables, marqueurs) et dans l'interprétation des résultats de ce traitement. Les caractères sont pesés et jugés à leur valeur et les conclusions auxquelles ils conduisent d'autant plus précieuses : Proconsul est un bon ancêtre commun des cousins grands singes africains et de nous-mêmes, et les cousins grands singes africains sont aussi dérivés que le sont les homininés, les uns ne peuvent descendre des autres ni les autres des uns comme il a parfois été proposé, plus d'ailleurs comme une mauvaise boutade que comme une vraie conviction.

Enfin la réflexion de l'auteur sur son interprétation des empreintes de Laetoli, l'un des trois passants ayant bel et bien marché dans les pas d'un autre, et ce il y a 3,6 millions d'années, me ravit : l'humour, dit-il en substance, est incontestablement la plus belle caractéristique de notre lignée !

L'équilibre

Après sa brillante analyse morpho-fonctionnelle comparée de l'articulation du genou, Christine Tardieu [...] nous propose cette fois une appréhension d'envergure de la cinématique et de la dynamique de la locomotion. Elle a réalisé, pour ce faire, une étude des déplacements en volume du centre de gravité dans la bipédie, ces déplacements intégrant ceux de l'ensemble du corps. Et, pour y parvenir, elle a mis au point une méthodologie complexe d'une très grande ingéniosité consistant à repérer topologiquement et suivre, par photographies synchrones pendant la marche, le mouvement d'un certain nombre de points, organisés en un réseau sur le corps, et à en restituer la carte et les tracés en coordonnées réelles dans un système référentiel tridimensionnel orthogonal.

Les résultats sont, nous ne pouvions en douter, à la dimension de l'entreprise : le processus de la marche de l'homme adulte, de l'enfant, du chimpanzé et, par extrapolation, des hominidés et des hommes fossiles est décrit ou déduit avec une rigueur tout à fait convaincante. Le pas de l'homme apparaît ainsi périodique et fortement synchrone, maîtrisant en deux courbes en phase les déplacements transversaux et verticaux du centre de gravité ; celui du chimpanzé se montre au contraire « aventureux » : sans périodicité simple ni vitesse constante, contraint, pour contrôler la trajectoire du centre de gravité, de réaliser d'importants mouvements de compensation dynamique ; quant au pas de l'australopithèque, il se révèle, de manière fascinante, ni semblable à celui de l'homme, ni semblable à celui du chimpanzé, ni intermédiaire entre l'un et l'autre. Lucy avait des membres inférieurs courts, un thorax en cône, des genoux adductés et un centre de gravité plus bas que le nôtre. L'équilibre dynamique de sa marche était donc précaire et devait nécessiter variations de vitesse et mouvements de compensation comme facteurs d'optimisation.

L'évolution de la bipédie dans la lignée des hominidés raconte donc ainsi à la fois l'histoire de l'élévation du centre de gravité du corps et celle du compromis entre les exigences contradictoires de l'équilibre statique et de l'équilibre dynamique. Si peu exigeante en réajustements, notre bipédie exclusive d'aujourd'hui, dans son équilibre et son économie, ne date ainsi peut-être que de quelques centaines de milliers d'années. Depuis la première bipédie d'il y a quelques millions d'années, proche de celle de Lucy, se seraient donc succédé plusieurs locomotions bipèdes. Ainsi se dessine avec éclat, pour la première fois et à l'encontre de mille déclarations savantes et autorisées du monde entier, une incontestable et fascinante, je dirais même émouvante, histoire de notre locomotion dont Christine Tardieu nous esquisse les possibles étapes.

Je salue ce travail, sa précision, sa densité, sa créativité ; je salue la beauté de sa démarche et l'élégance de ses conclusions ; je salue son auteur, courageuse et tenace. [...]

Les locomotions

L'histoire des êtres vivants est un immense classeur à chemises et sous-chemises s'efforçant de ranger les genres et les espèces dans le temps et dans les relations de parenté.

Avant les hommes, il y avait des préhumains, un généreux bouquet de formes que l'on réunit de manière confortable sous le nom d'australopithèques ; mais les hommes sont contemporains des chimpanzés et des gorilles de parenté proche, des orangs-outans et des gibbons de parenté plus lointaine, et les australopithèques le sont de préchimpanzés, prégorilles, préorangs, prégibbons ; avant les australopithèques et tous ces pré-grands singes qui leur sont contemporains, il y avait donc des ancêtres d'ancêtres, divisés comme leurs descendants ou réunis par la congruence de leurs filiations.

Et voilà, c'est à ce niveau-là de l'arbre généalogique que nous nous installerons dans ce volume. Anne-Marie Bacon s'est en effet saisie de tous les os longs du membre postérieur (ou inférieur), « porteur et propulseur », dit-elle, de tous les ancêtres d'ancêtres des hominoïdés de tout l'ancien monde et elle en a observé, classé, mesuré, comparé, orienté, pondéré, tous les caractères significatifs qu'elle a, en outre, en les musclant, mis ensemble en mouvement pour voir à quoi ils pouvaient bien servir. Le résultat est la description d'un superbe éventail de fémurs et de tibias de quatorze genres et d'un peu plus d'espèces de grands singes, hominoïdés ou pas, et la présentation d'une très riche gamme de comportements locomoteurs. « Dites-moi comment vous vous déplacez, a dit l'auteur aux os qu'elle faisait bouger, et je vous dirai de qui vous êtes l'ancêtre ! » [...]

Les portraits-robots

Voici [...] le deuxième volume de la collection « Paléoanthropologie et paléopathologie osseuse » des éditions Artcom'. Nous le devons à Jean-Noël Vignal, anthropologue médico-légal ou, comme il préfère nommer lui-même sa spécialité, anthropologue judiciaire.

Après un très bel exposé sur la reconstitution de la face d'un individu – et sur les multiples difficultés que peut rencontrer une telle reconstitution – à partir de la connaissance de son crâne et de ce qu'il révèle sur son sexe, son âge, son profil orthodontique et son origine populationnelle, Jean-Noël Vignal propose, pour les reconstitutions futures, une méthode nouvelle et originale, plus rapide et plus fiable à la fois que toutes les méthodes antérieures. Ce sont les progrès de l'imagerie médicale qui ont inspiré sa recherche. C'est en effet grâce à une exploitation tomodensitométrique de quarante et un visages d'individus mâles et leucodermes qu'il va établir les standards d'épaisseur des tissus mous des mentons, des bouches, des nez, des yeux, des oreilles et des joues de ces personnes retenues pour sa démonstration. Et puis, après être parvenu à de premières images indirectes, puisque reconstruites sur le mode matriciel, Jean-Noël Vignal va déformer les visages en fonction cette fois des images de leur crâne, par translations, rotations et mises à l'échelle pondérées, en les soumettant à la torture de l'algorithme du *warping*.

Après digitalisation du crâne, utilisation des données d'épaisseur des tissus mous, déformation et habillage du visage, le résultat de ces manipulations est donc une reconstitution plus objective, plus personnalisée et incontestablement plus rapide que ne permettaient auparavant le dessin ou la sculpture.

Un des principaux objectifs de l'auteur de l'Institut criminel de la gendarmerie nationale est, bien sûr, la reconstitution des visages des acteurs ou victimes de délits dont l'identité est recherchée par l'institution judiciaire. Mais Jean-Noël Vignal n'a pas oublié pour autant l'application de la méthode ainsi mise au point à la reconstitution des visages de nos ancêtres ; ce sont ceux dits, à tort ou à raison, *Homo erectus*, qui ont ici retenu son attention, mais il est bien évident que sa méthode va servir à la reconstitution faciale de tous les autres. [...]

La syphilis

[...] La découverte [...] à Costebelle dans le Var, dans une tombe d'un cimetière du bas Empire romain, d'un squelette de femme enceinte et surtout de celui de son fœtus, affecté de lésions osseuses de nature apparemment syphilitique, est à l'origine de ce congrès international. Une syphilis congénitale précoce en Europe, plus d'un millénaire avant que les marins de Christophe Colomb ne l'importent d'Amérique, cela valait en effet d'être annoncé et saisi comme élégant prétexte à rafraîchissement du problème de l'origine de la ou des syphilis. Et se sont alors déroulées au long des huit séances de la réunion de novembre 1993, [...] toutes les données les plus récentes, toutes les enquêtes les mieux équipées et toutes les implications auxquelles les unes et les autres inexorablement conduisent. Des tréponématoses existaient bien dans l'ancien monde avant que celui-ci ne découvre à nouveau le nouveau. Des tréponématoses n'en existaient pas moins dans le nouveau monde mais elles ne semblaient pas, avant 1492, avoir pris la forme vénérienne qu'on leur connaît à la fin du XVe siècle. Mais il ne faut pas oublier que les spirochètes sont des êtres vivants, susceptibles d'évolution sous la pression intrinsèque de mutations ou extrinsèque de crises environnementales, en l'occurrence de changements démographiques ou socioculturels de leurs hôtes. Pinta, pian, béjel et syphilis (dans son acception étroite) sont-ils alors de simples manifestations cliniques différentes d'une même infection, de vraies formes différentes d'autant d'infections ou de vraies formes successives d'une filiation offrant un exemple d'évolution des taxons – les spirochètes –, de leurs comportements – la transmission – et de leurs manifestations – les tréponématoses ?

Toutes les atteintes osseuses représentent donc la précieuse matière de cette science magique que l'on appelle paléopathologie. Mais les actes de cette réunion démontrent de manière éclatante, s'il en était besoin, combien cette science est difficile : à lésions comparables répondent tant de causes possibles qu'un diagnostic ne peut jamais y être de certitude. Et pourtant bien des maladies infectieuses, congénitales, dégénératives, bien des tumeurs, des traumatismes s'inscrivent sur le squelette éclairant l'anthropologue et le préhistorien sur l'état sanitaire d'une population, mais aussi sur quantité d'aspects de son éthologie, de son ethnologie, de son histoire, et sur l'histoire aussi des maladies, sur celle de leurs épidémies, sur celle même de leur traitement, sur l'histoire donc de la médecine. [...]

La tuberculose

[...] Ce volume [...] représente d'abord les actes d'un grand congrès tenu sur l'évolution et la paléoépidémiologie de la tuberculose, à Budapest et à Szeged, en septembre 1997, actes auxquels sont venus s'adjoindre un certain nombre d'articles nouveaux, rendant encore plus riche et plus complète la masse de documents réunis autour de ce thème. [...]

À l'heure où l'on se pose la question de savoir dans quelles conditions se passent les barrières d'espèces, il est particulièrement séduisant, par exemple, de retenir l'hypothèse du passage de *Mycobacterium* des bovins à l'homme au moment précisément où le second, remplaçant une économie de prédation par une économie de production, se met à domestiquer les premiers et à consommer leur lait. [...]

La peste

Après la syphilis, la tuberculose, la lèpre, c'est donc la peste que les International Congress on Evolution and Palaeoepidemiology of the Infectious Diseases (ICEPID) [...] ont décidé de traiter, en se réunissant à Marseille du 23 au 26 juillet 2001. Le sujet est superbe, si l'on peut employer pareil adjectif pour semblable fléau, car il a à la fois une dimension médicale et épidémiologique, une dimension historique et démographique et, bien sûr, une lecture paléopathologique. Toutes ces facettes ont été envisagées et débattues durant les quatre jours particulièrement denses de rencontres dans cette grande cité de Marseille bien choisie puisqu'elle a pu offrir aux centaines de spécialistes réunis l'histoire de plusieurs de ces épidémies fameuses, les charniers qui en ont résulté, et à quelques pas des calanques, les îlescordon sanitaire et leurs bâtiments où étaient observées (ou pas) les « quarantaines » de protection.

Lorsque les foyers ne pouvaient pas être détruits, ni les circuits de transmission coupés, la bactérie *Yersinia pestis* s'offrait en effet, de la puce au rat, et du rat à l'homme, les incroyables ravages de centaines de milliers, de millions, voire de dizaines de millions de victimes, de quoi faire fléchir les courbes démographiques des régions affectées et impressionner leurs habitants [...].

La peur a évidemment fait que les religions, y voyant des châtiments, ont réagi par de multiples prières, pénitences, flagellations ; quant à l'ampleur des drames, elle a aussi fait que les arts, y trouvant de terrifiants modèles, s'en sont emparés et inspirés pour réaliser mille créations picturales, sculpturales ou littéraires ; religions et arts ont eu, ici aussi, leurs chantres. Les approches biologiques, microbiologiques, immunologiques, paléoépidémiologiques, paléopathologiques « froides » n'en ont pas pour autant été négligées et l'on peut dire que cette cinquantaine de communications [...] constitue un véritable traité des infections du bacille de Yersin, de son diagnostic actuel et passé, de son histoire, de sa mémoire et de ses empreintes. [...]

Sources

« Préface » *in* Jean-Pierre Duhard, *Secrets de cuisine de mamie Germaine. Recettes de Charente, Gironde et Périgord*, Biarritz, Privilèges Atlantica, p. 7-11, 2006.

Avec l'aimable autorisation de Springer Science + Business Media : « Préface » *in* Jacques Bories, *Le Crâne humain. Ostéologie, anatomie radiologique*, Berlin, Springer, p. V-VI, 1996.

« Préface » *in* Michel Sakka, « Morphologie évolutive de la tête et du cou chez l'homme et les grands singes. Application aux hominidés fossiles. I : Ensembles anatomiques cervicaux », *Cahiers de paléoanthropologie*[1], Paris, Éditions du CNRS, p. 7, 1985.

« Préface » *in* Pascal Picq, « L'articulation temporo-mandibulaire des hominidés. Biomécanique, allométrie, anatomie comparée et évolution », *Cahiers de paléoanthropologie*[1], Paris, Éditions du CNRS, p. 7, 1990.

« Préface » *in* Fernando Ramirez-Rozzi, « Les Hominidés du plio-pléistocène de la vallée de l'Omo. Micro-anatomie de l'émail et développement dentaire », *Cahiers de paléoanthropologie*[1], Paris, Éditions du CNRS, p. 7, 1997.

« Préface » *in* Brigitte Senut, « L'humérus et ses articulations chez les hominidés plio-pléistocènes », *Cahiers de paléontologie (paléoanthropologie)*[1], Paris, Éditions du CNRS, p. 7, 1981.

« Préface » *in* Brigitte Senut, « Le coude des primates hominoïdes. Anatomie, fonction, taxonomie et évolution », *Cahiers de paléoanthropologie*[1], Paris, Éditions du CNRS, p. 7, 1989.

« La main dans la préhistoire », *Les Dossiers d'archéologie*, n° 178, p. 3, janvier 1993.

« Préface » *in* Dominique Sassoon et Michel Romain (dir.), *Réadaptation de la main*, Monographie Société française de chirurgie de la main, Paris, Expansion scientifique publications, p. 1-2, 1999.

1. Les *Cahiers de paléontologie (paléoanthropologie)*, puis les *Cahiers de paléoanthropologie* du CNRS étaient dirigés par Yves Coppens.

« Préface » *in* Christine Berge, « L'Évolution de la hanche et du pelvis des hominidés. Bipédie, parturition, croissance, allométrie », *Cahiers de paléoanthropologie*[1], Paris, Éditions du CNRS, p. VII, 1993.

« Préface » *in* Christine Tardieu, « L'articulation du genou. Analyse morpho-fonctionnelle chez les primates. Application aux hominidés fossiles », *Cahiers de paléoanthropologie*[1], Paris, Éditions du CNRS, p. 7, 1983.

« Préface » *in* Gilles Berillon, « Le pied des hominoïdés miocènes et des hominidés fossiles. Architecture, locomotion, évolution », *Cahiers de paléoanthropologie*[1], Paris, Éditions du CNRS, p. 11, 2000.

« Préface » *in* Christine Tardieu, « Le centre de gravité du corps et sa trajectoire pendant la marche. Évolution de la locomotion des hommes fossiles », *Cahiers de paléoanthropologie*[1], Paris, Éditions du CNRS, p. VII, 1992.

« Préface » *in* Anne-Marie Bacon, « La locomotion des primates du miocène d'Afrique et d'Europe. Analyse fonctionnelle des os longs du membre pelvien et systématique », *Cahiers de paléoanthropologie*[1], Éditions du CNRS, p. 11, 2000.

« Préface » *in* Jean-Noël Vignal, *Les Reconstitutions faciales assistées par ordinateur. Données tomodensitométriques, déformation d'image ou « warping »*, Paris, Éditions Artcom', collection « Paléoanthropologie et paléopathologie osseuse[2] », p. 5-6, 2000.

« Préface » *in* Olivier Dutour, György Pálfi, Jacques Bérato et Jean-Pierre Brun (dir.), « L'origine de la syphilis en Europe avant ou après 1493[3] ? », *Préhistoire Anthropologie méditerranéennes*, numéro hors série, université de Provence, CNRS, p. 8, 1993.

1. Les *Cahiers de paléoanthropologie* du CNRS étaient dirigés par Yves Coppens.

2. La collection « paléoanthropologie et paléopathologie osseuse » était dirigée par Djillali Hadjouis ; les éditions Artcom' par Frédéric Serre.

3. Yves Coppens a été président des congrès internationaux sur l'évolution et la paléoépidémiologie des maladies infectieuses (ICEPID), congrès sur la syphilis à Toulon en 1993, la tuberculose à Budapest et à Szeged en 1997, la peste à Marseille en 2001.

PRÉ-TEXTES

György Pálfi, Olivier Dutour, Judith Deak et Imre Hutas (dir.), *Tuberculosis. Past and Present*, Golden Book Publisher, Tuberculosis Foundation, Szeged, p. 7-9, 1999.

« Avant-propos » *in* Michel Signoli, Dominique Chevé, Pascal Adalian, Gilles Boëtsch et Olivier Dutour (dir.), *Peste : entre épidémies et sociétés*, Firenze University Press, p. 9, 2007.

4.

L'HOMME PRÉHISTORIQUE, SON ESPRIT

C'est incontestablement l'accès du cerveau à une certaine complexité (déductible d'un certain volume, d'une certaine complication et distribution des lobes et d'une certaine complication de l'irrigation des méninges, le seul niveau de circulation sanguine lisible grâce à son empreinte sur la face interne de la boîte crânienne) qui a entraîné son niveau de fonctionnement que l'on nomme conscience, en tout cas le niveau de cette « conscience » qui lui a permis d'anticiper suffisamment l'avenir pour fabriquer des outils pour des fonctions précises ; fabriquer un outil signifie en effet changer la forme d'un objet à l'aide d'un autre objet. Le monde animal montre de nombreux exemples d'utilisation d'outils, mais jamais de fabrication d'outil de second degré en pierre.

La question de savoir qui a osé taper ainsi sur un caillou pour en changer la forme à son profit pour un propos précis se pose. Pour certains, ce ne peut être que le premier homme, la première espèce du genre *Homo*. Pour d'autres, dont je suis, comme plusieurs espèces d'homininés coexistent à cette époque, pourquoi cette invention de la taille de la pierre n'aurait-elle pas été réalisée plusieurs fois, à plusieurs endroits et par plusieurs d'entre elles, dont, bien sûr, les espèces du genre *Homo* ? En deux régions, Kada Gona en Éthiopie et Lokalelei au Kenya, éloignées l'une de l'autre d'un bon millier de kilomètres, quatre localités âgées de plus de 2 millions d'années chacune, deux chaque fois, présentent en effet, côte à côte, des outils très mal taillés et des outils dont la taille donne l'impression que leurs artisans maîtrisaient déjà bien le fil de la matière première et sa percussion. S'agit-il d'objets fabriqués par les mêmes tailleurs, mais pour des fonctions différentes, d'objets fabriqués par des groupes de tailleurs différents de la même espèce ou par des tailleurs d'espèces différentes ayant inventé séparément la taille ou se copiant les uns les autres ?

On constate souvent ainsi, dans la nature, la ressemblance des réponses proposées à des sollicitations comparables ; l'aile a été ainsi inventée plusieurs fois, la bipédie aussi ; dans le cadre de ce livre, rappelons que, au changement climatique de 2,5-3 millions d'années, notre sous-famille a répondu par une solution « gracile » et une solution « robuste », et la solution « robuste » a été à la fois comparable et différente en Afar (*Australopithecus garhi*), dans le reste de l'Afrique orientale (*Zinjanthropus aethiopicus* et *Zinjanthropus boisei*) et en Afrique du Sud (*Australopithecus pro-*

metheus et *Paranthropus robustus*). L'invention de l'outil a beau être la première manifestation culturelle de l'humanité (appelons-la l'hominité), elle est encore si liée au monde naturel dont elle émane qu'elle a pu en avoir encore les caractéristiques et avoir été réalisée plusieurs fois, en plusieurs endroits, de manières comparables mais différentes. C'est finalement la période qui est privilégiée et la sollicitation qui est la même.

Mais, une fois inventée, cette étrange aptitude ne va faire que se développer, liée cette fois au genre *Homo* qui est, de toute façon, le seul homininé qui survivra à la floraison d'espèces des années 2 et 3 millions. Mais n'oublions pas que ces outils, qui sont certes importants en eux-mêmes, le sont aussi dans le développement de leur conception, de leur technologie, de leur diversité, de leurs associations, etc., car ils sont les seuls témoins ou presque de l'évolution de l'esprit de l'homme préhistorique et de ses facettes intellectuelle, artistique et spirituelle.

La découverte d'ateliers de taille, en permettant de retrouver les pièces successives des différentes percussions ou retouches et de les remettre à leur place (remontage), a d'ailleurs permis au préhistorien de se « glisser » dans la tête du préhistorique et de refaire sa taille. Quant à l'expérimentation, en travaillant soi-même le bois, le cuir ou l'os avec la pierre et en étudiant les traces laissées par ces manipulations, elle a permis au préhistorien de lire les signatures (tracéologie) des travaux des préhistoriques sur leurs propres pierres et de lire par suite les fonctions auxquelles ils les destinaient. Le dégagement soigné des sols d'habitat, en permettant enfin de retrouver en place beaucoup d'objets ou de traces, mêmes fugaces, de la vie quotidienne et les rapports que ces informations pouvaient avoir entre elles, a permis aussi au préhistorien de se comporter comme le préhistorique dans son campement d'un jour ou d'une saison.

Le préhistorien parvient ainsi à apprécier de mieux en mieux l'amélioration des tailles, à saisir les inventions, à comprendre les particularismes régionaux, à pratiquer la traçabilité des objets de manière à en déduire les mouvements de leurs artisans ou les mouvements de leurs matières premières. On voit aussi l'humanité grandir dans ses techniques, dans ses comportements, dans sa réflexion. On la voit découvrir les formes et les sources d'énergie, inventer les symboles et les dieux, ressentir la beauté et la morale, et n'en garder pas moins son héritage naturel de prédateur et de compétiteur.

* *
*

La culture

Ce livre est un livre d'histoire.

Et l'histoire qu'Emmanuel Anati y raconte est celle, extraordinaire, de la culture, ce milieu si particulier que notre famille zoologique – les hominidés – a créé de toutes pièces au creux du milieu naturel dont elle était issue.

Il y a un peu plus de 3 millions d'années en effet, quelque part en Afrique orientale, un préhumain – un australopithèque[1] – a eu l'idée de changer la forme d'un objet de pierre, de bois ou d'os pour rendre cet objet plus efficace dans l'utilisation à laquelle il le destinait. C'était la première fois, depuis 4 milliards d'années que la vie existait, qu'un être vivant aménageait de sa propre initiative une forme naturelle pour une fonction artificielle. L'événement parut sans doute insignifiant aux yeux des contemporains de l'inventeur, et pourtant il était capital. L'outil, d'anecdotique, allait vite se faire nécessité et la culture, de simple effet, devenir cause, cause de la libération de l'homme, héritier du préhumain, cause de l'acquisition de sa dignité, cause de son emprise sur la nature et, bientôt, de sa maîtrise de sa propre évolution.

1. On ne connaissait qu'eux alors pour illustrer la préhumanité.

L'émergence de la conscience, celle du sentiment religieux et du sens moral, le développement de l'émotion et de la réflexion, l'éclosion du raisonnement et de l'imagination, l'apparition de l'expression intellectuelle et de la création artistique, la croissance et l'affinement de la technologie, la multiplication et l'organisation des sociétés, l'enrichissement et la diversification des langages réalisent ainsi peu à peu devant nous, au fil du temps et du récit, cette extravagante métamorphose d'un ascendant animal tout instinctif, ou presque, en un descendant humain totalement responsable ou peu s'en faut. Et la conclusion s'impose : c'est la culture qui a donné à l'homme son âme.

Grâce à son immense érudition et à sa vaste expérience, Emmanuel Anati nous offre dans ce livre merveilleux, au sens premier du mot, l'image de ce phénomène par le grand bout de la lorgnette ; la place de l'homme dans le monde, dans sa grandeur et son humilité, n'en apparaît que plus clairement. L'homme est, certes, le plus étrange des mammifères, le premier à s'être penché sur son passé et à réfléchir sur son évolution, mais il n'a, après tout, que 3 millions d'années d'existence sur une planète qui en a presque 5 milliards ; 200 000 générations seulement se sont succédé depuis la première population d'*Homo habilis* et il n'y a eu que 100 milliards d'individus depuis le premier. L'homme domestique désormais un certain nombre d'énergies, mais il ne faut pas oublier qu'il ne maîtrise le feu que depuis 500 000 ans[1] et ne connaît le nucléaire que depuis un siècle ; l'homme construit aujourd'hui de multiples villes de millions d'habitants, mais la toute première qu'il ait établie quelque part au Proche-Orient et qui n'en comptait qu'un millier n'a pas 10 000 ans ; l'homme se joue chaque jour dans ses usines et ses laboratoires des alliages alchimiques qu'il pondère à sa guise, mais sa découverte du métal et de son usage n'a pas 7 000 ans ; l'homme dicte quotidiennement des milliards de lignes savantes ou vulgaires, de commentaires sacrés ou éphémères, mais il ne sait écrire que depuis six millénaires et diffuser par l'imprimerie que depuis quelques siècles et par fax[2] que depuis quelques années.... Et même si la plus fantastique de ses inventions, à l'origine de toutes les autres, cette fameuse culture, l'a transformé comme elle l'a fait transformer la Terre et le fera transformer bientôt l'Univers, l'homme n'en est pas moins toujours un être vivant, soumis aux lois de la biologie ; ce niveau nouveau de l'évolution, le niveau culturel, si puissant parce qu'il lui a permis d'apprendre, mais si fragile parce qu'il l'oblige, à chaque fois, à réapprendre, ne vaut que tant qu'il a la parade à la sollicitation du niveau naturel, ce qui n'est jamais garanti ;

1. Peut-être 800 000.
2. Web et compagnie...

il se peut qu'un jour quelque surprise cosmique ou bactérienne survienne.

Je ne résiste pas au plaisir de citer encore ce qui me paraît être le plus grand défi que l'homme, grâce à la culture, ait eu à découvrir et ait bel et bien à relever ; notre étoile, dans 5 milliards d'années, doit s'éteindre ! Notre existence dans le système solaire a donc des limites et il convient de songer d'ores et déjà, puisque nous le savons, à changer d'étoile pour survivre. Ne doutons évidemment pas que la culture nous le permettra.

Merci à Emmanuel Anati de nous avoir emmenés tout au long de ces pages, du caillou taillé à l'arc, de l'inhumation au monothéisme, des idéogrammes aux tags, avec tant de clarté et d'élégance et merci de m'avoir donné l'occasion encore une fois de saluer son talent et son amitié et de crier en même temps mon « éternel » étonnement devant la beauté du monde.

La matière pensante

L'histoire des 15 ou 20 derniers milliards d'années de notre Univers nous apparaît un peu comme le récit d'une croissance, celle de la matière, qui n'a cessé, au fil de cette tranche de temps-là qui nous est accessible, de se compliquer et de s'organiser ; d'abord inerte, elle est en effet devenue, sur au moins une planète d'un des systèmes stellaires d'une des galaxies, il y a 4 milliards d'années, vivante, puis, il y a 4 millions d'années, pensante. L'exposition « De la bactérie à Lucy » illustrait le deuxième de ces états ; l'exposition « Le génie de l'homme », en illustrera le troisième.

Après une vie qui, 4 milliards d'années durant, *a su* de plus en plus et de mieux en mieux, est apparue, en effet, il y a 4 millions d'années[1] seulement, une vie plus compliquée et mieux organisée, qui *a su qu'elle savait* et qui s'en est servie pour mieux comprendre, pour tenter de maîtriser ce qu'elle comprenait et pour le transmettre. Cette vie réfléchie, sans renier la *nature* dont elle était issue et à laquelle elle est toujours en partie soumise, a inventé la *culture* : culture matérielle, culture intellectuelle et culture spirituelle. Et la culture s'est compliquée et organisée à son tour, au point de rétroagir sur la nature et de retirer à l'homme, un à un, ses réflexes et ses instincts, au profit de son libre arbitre, de sa liberté et de sa responsabilité.

L'histoire merveilleuse des inventions de l'homme va ainsi se reconstituer au travers des objets et des traces qu'il nous a laissés et que l'on s'efforcera de lire. Il y a plus de 3 millions d'années, par exemple, un hominidé qui ne devait pas encore être un homme avait eu l'idée de changer la forme d'un caillou pour

1. Sans doute moins.

rendre celui-ci plus efficace dans la fonction à laquelle il le destinait ; il venait de concevoir un projet, il venait d'imaginer une forme et comme, pour ce faire, il lui avait fallu utiliser un autre caillou, il venait d'inventer l'outil de l'outil. Il y a presque 2 millions d'années, cette fois, un autre homme avait eu une autre idée, tout aussi originale, celle de fabriquer un outil qui, comme les plumes ou comme les feuilles, serait symétrique pour être à la fois plus efficace et plus beau ; comme, pour ce faire, il lui avait fallu une matière première de meilleure qualité, l'invention du biface lui apprit alors aussi l'économie et la prévision à plus long terme. Il y a quelques centaines de milliers d'années, un homme était parvenu à faire du feu au moment où un autre venait d'avoir l'idée de tailler ses cailloux de manière plus précise en utilisant des percuteurs moins durs que ne l'étaient les cailloux précédemment employés à cette fin, tandis que des formes de coquilles, d'ossements, de dents, de minéraux et de fossiles leur étaient apparues si belles qu'ils en avaient oublié l'efficacité éventuelle ; ils en ornèrent leur corps et en firent même des collections. Il y a quelques dizaines de milliers d'années, un homme eut cette fois l'étrange désir de projeter ses pensées sur des objets mobiliers ou des parois immobilières ; il en inventa d'un coup le dessin, l'écriture, mais aussi l'abstraction et le code, tout en utilisant des matières qui traduisaient son souci de voir se conserver longtemps ses messages. Aujourd'hui, la science maîtrise le nucléaire, photographie les atomes ou les galaxies, énonce des prévisions de milliards d'années, anime des formes qui n'ont pas encore d'existence ; demain, elle contrôlera le mouvement des continents, déplacera la planète, utilisera l'énergie des étoiles et fera vivre des chimères...

Au creux du milieu naturel est ainsi curieusement né un nouveau milieu bien étrange, créé de toutes pièces par notre famille, les hominidés : le milieu culturel. Prenant appui sur de profondes racines animales incontestables, mais qui ne sont pas pour autant réductrices, et sur un corps que régissent toujours les lois de la biologie, la connaissance a ainsi donné à l'homme sa conscience et sa dignité. Il n'y a certes pas plus extravagante histoire que celle-ci qui raconte comment, pas à pas, invention après invention, le génie de l'homme est en train de lui offrir la maîtrise de l'Univers. Avec cette exposition, l'abbaye Saint-Gérard-de-Brogne en fait un admirable récit.

L'homme et la mort

Ma tâche est ici de refermer tombeaux, sarcophages et reliquaires derrière cet étonnant inventaire des restes des morts, autour du monde, au fil des temps. Avant de me mettre à l'ouvrage, je tiens à remercier l'auteur de m'avoir invité à participer de manière originale à l'aventure peu commune que représente l'établissement d'un pareil bilan, mais je veux aussi saluer la belle érudition de son livre et la langue généreuse qui est la sienne – j'ai en outre la chance de l'entendre quand je le lis.

Depuis que l'homme sait qu'il sait, il fait, émerveillé, le constat de l'incroyable unicité de chaque individu, mais il fait aussi, atterré, l'expérience de son irrémédiable limite : la vie de chacun est un phénomène fini. La conscience se confond alors avec la conscience de la mort et avec l'espérance d'un « au-delà », mot rempli de mystère et d'apaisement et qui dit tellement bien ce qu'il veut dire. Révolté mais impuissant, l'homme va donc tenter de prolonger par mille artifices techniques, rituels, spirituels, intellectuels, affectifs, les uns n'excluant pas les autres, l'existence de tous ses morts en général et celle de ceux qui lui sont chers ou odieux, en particulier. Et cela va conduire à ce bric-à-brac funéraire attachant et dérisoire décrit si gentiment par Jean-Gabriel Gauthier et qui, de la mémoire de certains, passera à la mémoire de tous avant de rejoindre l'oubli.

100 milliards d'hommes, tous différents, ont déjà vécu depuis l'émergence des premiers, il y a 3 millions d'années, ce qui fait pour un paléontologiste l'hallucinant chiffre d'au moins 20 000 milliards d'ossements qui auraient pu se conserver, mais on est loin

du compte ! Le miracle de la fossilisation nous a en effet conservé quelques fragments squelettiques de quelques-uns des premiers hommes, puis, au fil des centaines de millénaires, de quelques-uns des suivants ; celui de la conservation naturelle dans les marais, la tourbe, la glace ou le permafrost, quelques morceaux cadavériques de quelques autres des huit derniers milliers d'années. Depuis 100 000 ans, l'attention apportée délibérément par certains hommes à l'inhumation, la momification, la crémation même d'un certain nombre d'entre eux, a sauvé de la destruction bon nombre d'ossements ou de parties molles ; l'écriture enfin, depuis quelques milliers d'années, l'état civil, depuis quelques siècles dans certains endroits, nous a précieusement gardé le souvenir de millions d'autres, ce qui fait le bonheur spirituel des Mormons et intellectuel des généalogistes. Or, en dehors du souvenir de ceux que seuls des textes, des registres ont retenu dans la pierre, le bois, l'argile ou le papier, ils sont tous là, un à un ou en vrac, dans l'extraordinaire livre des morts de Jean-Gabriel Gauthier.

La mort sans retour est par excellence la raison même de l'angoisse de l'existence que ni la science, quand elle déclare que la mort fait partie de la vie, ni la foi, quand elle promet la vie éternelle, ne parviennent véritablement à résorber. Que faire alors devant la décomposition perfide, l'oubli dramatique ou les vicissitudes rocambolesques de quelques morceaux de quelques-uns d'entre nous traités pour survivre ? Bien évidemment, s'en défendre en riant de la dérision de la conservation anonyme et fragmentaire quand elle a été exceptionnellement naturellement réussie, somptueuse et misérable quand elle a été soigneusement artificiellement préparée, et de toute manière toujours éphémère dans un univers où rien n'est stable ni durable. C'est précisément le parti retenu avec bonne humeur par Jean-Gabriel Gauthier qui décrit avec dignité la vie des personnages qu'il a choisi de traiter et s'amuse avec bonheur de l'illusoire pérennité des dépouilles qu'en effet plus personne n'habite. Que l'on se souvienne, par exemple, du cas pitoyable [...] des gigantesques pyramides de la glorieuse Égypte antique désormais vides, des sarcophages éparpillés à travers le monde et tout aussi vides, ou des momies nues et malades telles qu'elles apparaissent côte à côte, sans souci de ce que fut leur situation sociale, leur sexe, leur âge individuel et, à plus forte raison, leur âge historique dans une grande salle du musée du Caire aux murs blancs tout aussi nus...

Ce livre rempli d'histoire et d'histoires est ainsi la plus belle danse macabre qu'il m'ait été donné de rencontrer, c'est aussi une leçon d'humilité et, bien qu'« immortel », j'y souscris sans réserve !

La première sépulture

La toute première grande étude monographique d'un squelette d'homme fossile a été celle de Marcellin Boule, professeur de paléontologie au Muséum national d'histoire naturelle de Paris, portant sur le squelette de l'homme dit de La Chapelle-aux-Saints ; publiée dans les *Annales de paléontologie* entre 1911 et 1913, elle fait toujours autorité dans les données qu'elle livre, dans ses descriptions et dans ses comparaisons, même si, dans ses interprétations, elle reflète bien naturellement la piètre opinion que l'on avait alors de cet homme fossile-là, appelé l'homme de Neandertal, du nom du site d'une de ses premières découvertes près de Düsseldorf un peu plus d'un demi-siècle plus tôt. L'homme de La Chapelle-aux-Saints est, en outre, souvent qualifié de Neandertal classique, précisément parce qu'ayant été décrit le premier, ce sont ses caractères, c'est-à-dire ceux des néandertaliens d'une cinquantaine de milliers d'années, qui ont été pris pour typiques de cette forme d'humanité ; il s'ensuit naturellement une grande confusion dans la terminologie des hommes fossiles de la même filiation, ceux qui précèdent les Neandertal classiques étant appelés Neandertal archaïques, ou prénéandertaliens ou anténéandertaliens, et ceux qui les suivent, derniers néandertaliens, néandertaliens terminaux ou néandertaliens évolués !

Saluons tout de suite l'excellente initiative de monsieur le Maire de La Chapelle-aux-Saints d'avoir créé un musée pour rappeler la découverte en 1908 par les frères Bouyssonie de ce fossile particulièrement important en lui-même et, à plus forte raison, en tant que référence de ce type d'humanité disparu et saluons celle de monsieur le Maire et de madame le Conservateur régional de l'archéologie, Mme Martine Fabioux, d'avoir fait l'effort de réaliser ce petit ouvrage collectif qui parle de cet homme désormais célèbre et de son âge géologique, mais aussi de ses outils et de leur matière première, de son environnement climatique, faunique et floristique, de certains de ses comportements et de sa vie quotidienne, et même de ses pathologies lisibles sur son squelette. Le fait d'avoir fait appel à plusieurs auteurs, tous spécialistes reconnus et respectés des différents domaines se rapportant à cette période, dite paléolithique moyen, montrera d'ailleurs au lecteur que la science est difficile et que, lorsqu'elle est en train de se faire, elle peut faire apparaître certains de ses débats. Je me sens du même coup d'autant plus libre de décliner moi-même dans cette introduction ma propre opinion sur la nature de l'homme de Neandertal que je ne prétends évidemment pas plus fiable que les autres.

Le genre *Homo* est né en Afrique tropicale d'une des espèces de préhumains appelés globalement australopithèques il y a environ 3 millions d'années ; parce que ce genre était plus curieux, plus mobile, mieux équipé que ses prédécesseurs, son effectif a grandi doucement et son déploiement a vite couvert l'ensemble du continent africain puis toute l'Eurasie. L'Europe a donc reçu son ou ses premiers peuplements il y a environ 2 millions d'années. Alors que les populations africaines et asiatiques restaient de proche en proche en contact génétique entre elles et qu'elles évoluaient ainsi ensemble vers *Homo sapiens*, les populations européennes se virent très tôt isolées par le développement des glaciers successifs qui en coiffaient généreusement le nord du continent et la chaîne alpine. Ces populations subirent alors ce que subit n'importe quelle population insulaire : une dérive génétique. Des traits particuliers en nombre croissant distinguèrent peu à peu cet homme européen des autres dont il était désormais coupé (alors qu'il n'en était apparemment pas coupé culturellement), faisant peut-être bien de lui une véritable espèce nouvelle. La néandertalisation, que l'on aurait pu parfaitement appeler l'européanisation ou l'exception européenne, a donc été un phénomène progressif, créateur d'une humanité originale, qui n'a reflué que beaucoup plus tard sur le Proche et le Moyen-Orient. Natif de l'Europe, cet homme qui n'a par suite jamais été *sapiens*, a vu, il y a une cinquantaine de milliers d'années, son territoire envahi par *Homo sapiens* qui peuplait alors l'Afrique et l'Asie (et que l'on appelle, autre source de confusion, Cro-Magnon !) et la cohabitation de l'indigène et de l'émigré a fini, quelques milliers d'années après l'installation de ce dernier, par être fatale au premier.

Que ce ton assuré que je viens de prendre au fil de ces quelques lignes ne fasse pas illusion ; il se peut que les choses se soient en effet passées ainsi, mais il se peut qu'elles se soient passées tout à fait autrement.

Ça n'en est pas moins une histoire extraordinaire qui ne peut, dans son extravagance, que conforter l'excellence de l'idée des personnalités déjà citées du Limousin et de La Chapelle-aux-Saints de mettre en valeur cet homme aussi respectable que son voisin « moderne » du Proche-Orient ou d'Afrique du Nord : l'homme de Neandertal, celui donc de La Chapelle-aux-Saints, taillait la pierre à merveille, s'ornait le corps de bracelets et de colliers, jouait de la flûte et du lithophone, collectionnait fossiles et minéraux, et croyait en un au-delà.

Merci à monsieur le Maire de La Chapelle-aux-Saints et à Mme Fabioux de m'avoir donné l'occasion d'en saluer la mémoire.

Rupestres et écritures

Voici un livre très agréable ; agréable bien sûr parce que le sujet est séduisant en lui-même, mais agréable aussi parce que son traitement en est particulièrement élégant et ses conclusions tout à fait originales ; c'est, au sens propre, une thèse. Que l'on y adhère complètement ou partiellement, elle nous rapproche incontestablement de l'art rupestre et nous donne à nouveau l'extraordinaire espoir de pouvoir un jour le lire, espoir que les auteurs de la génération précédente, y compris les plus grands, avaient totalement perdu.

L'art rupestre est un langage, dit Emmanuel Anati ; fort d'une grande diversité de graphèmes ou vocabulaire, dont la typologie est une grammaire et l'organisation une syntaxe, il est une écriture. Le message en est codé, certes, mais il n'en est pas moins rempli d'informations sur tout ce qui concerne ses auteurs, depuis leurs mythes et leur mentalité jusqu'à leur société, leur culture, leur mode de vie et de voir.

L'art rupestre devient ainsi document historique et ses 35 000 années d'exercice avant l'écriture linéaire, partie de l'histoire.

Un jour, lors d'une petite réunion scientifique à Yale, mon ami, le préhistorien Glynn Isaac, hélas disparu depuis, avait déclaré que Lascaux faisait partie de la conscience historique des Français ; ce commentaire avait déclenché le rire peu discret d'un collègue américain d'une autre spécialité qui n'avait visiblement pas perçu l'intérêt de la remarque. Un peu vexé, je l'avoue, dans mon orgueil national, ce rire et ma réaction m'avaient fait prendre conscience de la justesse de l'intervention de Glynn ; ma vexation, quant à elle, avait fait beaucoup rire Glynn Isaac à son tour, et cette fois à juste raison.

Que l'art rupestre soit donc ainsi considéré comme une sorte de « premier pas vers l'écriture » – plusieurs des toutes premières écritures utilisent certains pictogrammes et idéogrammes de l'art rupestre – me séduit beaucoup. Je l'« espérais » depuis longtemps moi-même sans avoir les moyens de le démontrer et j'avais déjà eu l'occasion de saluer chez Mario Ruspoli le même genre d'intuition que la mienne. Mais Emmanuel Anati ne se contente pas de renforcer cet éclairage particulier et certainement fécond ; il le dépasse considérablement en constatant que cette écriture est partout la même ; elle utilise les mêmes vingt graphèmes de base sur les cinq continents ; elle a, dit-il, une origine unique et comme on ne peut concevoir le même discours dans la même graphie sans un même langage, il va encore plus loin en proposant, en corollaire, une origine unique du langage ou, en tout cas, de la langue utilisée il y a 40 000 ans dans le monde, art et langage étant donc liés à l'émergence de cette forme biologique que l'on appelle l'homme moderne, *Homo sapiens sapiens*. À l'appui de cette idée, il est intéressant de rappeler que, dans un débat en cours, paléoanthropologie et biologie moléculaire semblent se mettre en effet d'accord – ce qui n'est pas si fréquent – sur une origine unique, sud-est-africaine, de l'homme moderne, foyer à partir duquel cette forme nouvelle d'humanité se serait propagée à travers l'ancien monde d'abord, le nouveau monde ensuite. Mais cette harmonie de déclarations s'établit sur un point de départ estimé âgé de 150 000 à 200 000 ans et non de 40 000 ans ; cette nouvelle vague supposée de peuplement, si elle a vraiment eu lieu, a dû rencontrer, en outre, au moins dans tout l'ancien monde, des populations dotées de parole, qui l'avaient précédée de quelque 2 millions d'années et avec lesquelles il n'est pas dit qu'elle n'ait pas été interféconde. Les découvertes du biface, du percuteur tendre, du feu, de l'éclat Levallois, de la lame, de l'agriculture, de l'écriture... sont par ailleurs à la fois quasi universelles et quasi simultanées, signifiant de la part d'une humanité homogène, quelle que soit la profondeur de son passé, et soumise aux mêmes contraintes, une même évolution naturelle et culturelle, aux grandes étapes quasi obligatoires. Enfin qu'il soit *habilis, erectus* ou *sapiens*, une incontestable continuité technologique et comportementale accompagne le genre

Homo tout au long des 3 millions d'années de son histoire.

Le constat d'Emmanuel Anati n'en demeure pas moins troublant. Il est bon de préciser d'ailleurs que, face aux 20 millions de figures qu'il a su réunir dans son centre de recherches préhistoriques du Val Camonica, il est le seul spécialiste de cet art qui ait été en mesure d'atteindre cette vision globale du phénomène rupestre dans le monde. Son ouvrage, qui est à la fois communication aux pairs et récit au public, suscite de toute façon une réflexion extraordinairement stimulante en même temps qu'il représente un grand pas en avant dans la compréhension de l'art rupestre – peut-être même dans la manière de le ressentir ; ne sommes-nous pas après tout, dit en substance Emmanuel Anati, les mêmes *Homo sapiens sapiens* au même subconscient depuis 40 000 ans ! Ce regard pour la première fois universel sur cette écriture primordiale qui met en pages en trois dimensions (relief), parfois même en quatre (mouvement), lui confère d'un coup une ampleur qu'elle n'avait jamais eue. Lançons, avec l'auteur, avant de fermer ce préambule, un appel pressant à l'établissement de l'inventaire de ce patrimoine qui est le nôtre afin de conserver cette mémoire et son message, témoignage de l'émergence de ce degré extraordinaire de notre pensée conceptuelle, même si on ne sait pas encore le lire complètement.

L'art premier

Tout le monde, en France, connaît Lascaux et, depuis peu, la grotte Cosquer, la grotte Chauvet, peut-être Cussac, mais peu de personnes ont une idée de l'ampleur du phénomène de l'art rupestre tel qu'Emmanuel Anati nous le dévoile : 45 millions de peintures et de gravures immobilières provenant de 70 000 sites dans 160 pays, sans parler des quelque 500 000 peintures ou gravures laissées sur des objets mobiliers recensés, appartenant aux cinquante derniers milliers d'années de l'histoire de l'humanité. Même si, comme le dit à juste titre l'auteur, ces témoignages ne sont qu'une fraction des manifestations artistiques beaucoup plus complexes qui ont eu lieu autour de ces signes – lesquelles ont impliqué des chants, des danses, des dessins éphémères sur le sol ou sur les corps, exécutés par certains pour certains autres selon des rites particuliers dans des circonstances particulières –, nous devons nous réjouir de disposer d'un aussi somptueux corpus qui a encore, et aura longtemps, tant de choses à nous apprendre.

J'ai déjà dit, ailleurs et souvent, combien était importante, dans l'immense histoire de notre Univers, l'accession il y a environ 3 millions d'années de la matière vivante à la matière pensante. Or une des façons que nous avons, nous préhistoriens, de nous en rendre compte est la découverte, pour la toute première fois dans cette longue histoire d'une quinzaine de milliards d'années, d'objets dont la forme a été « artificiellement » changée ; c'est la première fois en effet qu'un être vivant capable d'appréhender la forme d'un objet a l'audace de taper dessus avec un autre pour le transformer à son profit. En plus d'être la première intervention délibérée de l'homme sur son environnement – puisque c'est de l'homme qu'il s'agit –, c'est aussi la première perception élaborée d'un volume au point de désirer l'aménager et de tenter de le faire – avec d'ailleurs au départ plus ou moins de succès. La finesse de lecture de la forme ira bien sûr en s'améliorant sans cesse, de même que la maîtrise de son changement ; c'est ce qui va préparer l'homme à projeter sur parois ou objets les dessins qu'il aura tracés dans sa mémoire et concrétisés en fonction de son imagination ou des règles que lui imposent ses rites. Disons, en d'autres termes, que le dessin (en deux ou trois dimensions) voulu et essayé est aussi vieux que la conscience.

Le dessin rupestre, dans les associations de signes qu'il offre, atteint évidemment, dans cette histoire du dialogue homme-forme, un très haut degré de complexité et d'organisation. Même si ces groupements ou ces proximités ne sont pas linéaires, ils n'en représentent pas moins, comme ne cesse de nous le dire Emmanuel Anati, une information, un message, une écriture. Il est d'ailleurs amusant de constater que, frappés par exemple par l'extraordinaire qualité du bestiaire paléolithique européen, on a bien longtemps négligé les signes dits « abstraits » qui l'accompagnaient, alors que c'est très probablement l'association des deux qui fait sens ; et que, quand on est vigilant, on peut isoler ici ou là dans les récits rupestres quelques signes particuliers et les retrouver dans les premiers textes, ceux-là sagement alignés sur des tablettes de pierre ou d'argile. Mais les premiers peuvent avoir 20 000 à 30 000 ans, les seconds 5 000 à 6 000.

Dans ce somptueux ouvrage – que c'est beau les rupestres ! –, Emmanuel Anati range évidemment savamment les régions et les ethnies et en tire de précieuses observations, interprétations et synthèses, d'autant plus précieuses qu'il est très certainement le scientifique qui a la connaissance la plus vaste qui puisse être de tous les rupestres de la terre. Outre l'intérêt que présente la lecture de ces « textes », une lecture qui tient toujours compte du lieu, de l'époque et de la culture qui en a été la créatrice, il est fascinant d'y retrouver aussi, à un bout, l'extraordinaire unité du genre humain et qui mieux est de l'espèce *sapiens* – puisque *Homo erectus* qui la précède et les hommes de Java et de Neandertal qui en sont en partie les contemporains n'ont apparemment jamais eu l'initiative de pareilles manifestations « artistiques » –, et, à l'autre bout, le génie de certains artistes à qui l'on pourrait presque donner des noms – leur style se lisant parfaitement dans certaines grottes, de même que celui de leurs élèves, d'ailleurs plus ou moins doués ! L'art évoque ainsi solennellement la grandeur de la nature humaine, cette matière pensante dont nous parlions plus haut, et ne peut s'empêcher, comme un joli clin d'œil, de nous désigner quelques-uns des grands hommes oubliés de notre passé profond.

Merci à Emmanuel Anati pour sa synthèse magistrale. Merci, Emmanuel, d'avoir fait pour nous le tour, somptueusement illustré, de toutes les facettes de ce grand sujet si complexe dans son universalité et sa diversité. Concluons avec lui en appelant tous les hommes de la Terre et toutes les institutions que cette recherche concerne à se mobiliser pour conserver, préserver, entretenir ce patrimoine non renouvelable et tellement essentiel pour notre compréhension de nous-mêmes et de notre avenir.

Tous les arts rupestres du monde

C'est sans doute la toute première fois, en tout cas la toute première fois avec cette ampleur et cette compétence, qu'un spécialiste de ce que l'on nomme aujourd'hui l'art rupestre a l'audace de se lancer dans un survol planétaire de cette toute première expression du genre humain autre que technologique ou presque. C'est un régal de consultation, de parcours ou de lecture, d'abord parce que le tour d'un sujet, en soi, est toujours intellectuellement confortable, mais aussi parce que ce sujet-là, en lui-même, est esthétiquement agréable dans son inspiration, ses thèmes, ses rendus, ses compositions et ses couleurs éventuelles.

Pendant plus de 3 millions d'années en effet, les préhumains, puis les humains nous ont fait connaître les divers degrés de développement et d'épanouissement de leur conscience, de leur connaissance et de leur savoir-faire par le seul truchement de leurs outils et, à travers eux, de la diversité grandissante de leurs activités, mais ce n'est que vers 40 000 années – 50, 60 ou 70 si on veut être très généreux et suivre quelques déclarations aussi récentes que fracassantes – que certains de ces humains d'abord et, finalement, tous ont accédé à l'irrésistible désir de faire savoir à leurs pairs, leurs contemporains et les quelques générations qui allaient les suivre, par projection codée ou non, sur des supports mobiliers ou immobiliers, certaines de leurs valeurs morales, spirituelles ou cognitives. Ce sont ces projections gravées, peintes ou sculptées, dont les plus anciennes sont par excellence les arts premiers (il n'y en a pas d'autres), que l'on réunit sous le nom à très large spectre d'arts rupestres. C'est d'ailleurs pour souligner le côté intransportable de ces œuvres, à la fois messages et textes, exécutées sur le rocher, qu'Emmanuel Anati avait élégamment intitulé son ouvrage *Le Musée imaginaire de la préhistoire* puisqu'il n'était pas possible de réaliser quelque exposition d'originaux que ce soit. Pour des raisons de priorité dans l'invention et l'usage de ce titre, la belle synthèse, encyclopédie et traité à la fois, d'Emmanuel Anati, a dû en France s'appeler autrement.

Au milieu de la multitude des informations qu'elle transporte et transmet, je retiendrai volontiers de cette extraordinaire approche globale – au sens propre du terme –, l'aspect incontestablement universel de cette expression *a posteriori* « artistique », les liens qui unissent styles et genres de vie de ses auteurs, l'apparente unité de l'origine de l'ensemble de ces réalisations, de même que l'apparente unité du modèle de leur succession identifié par l'auteur, et les rapports fascinants de ces associations et des signes qui les composent et des premiers symboles des toutes premières écritures linéaires.

Je crois personnellement qu'*Homo sapiens* plonge généreusement ses racines dans l'humanité qui le précède et dont il est issu (*Homo erectus*), partout où cette humanité antérieure se rencontre – tout l'ancien monde il y a un demi-million d'années ; je crois que son génie créateur plonge lui aussi son inspiration dans un passé biologiquement continu (*Homo sapiens*) ou non (*Homo neandertalensis*), mais culturellement jamais et nulle part interrompu. Mais je suis frappé par le fait que, vers 50 000 années en effet, une pression d'une nature que j'ignore – environnementale, démographique, culturelle, ou les trois à la fois – va pousser les *Homo sapiens* d'alors à repousser toutes leurs frontières ; ce sera l'origine de la deuxième pulsion de l'humanité conquérante (la première avant 2 millions d'années avait été celle d'*Homo habilis* à partir de son Afrique intertropicale natale) qui va la mener en Amérique et en Australie pour la première fois, en Europe (Cro-Magnon) et en Indonésie (Wadjak) pour la seconde ; c'est peut-être ce curieux événement qu'Emmanuel Anati ressent comme le début d'une étape conceptuelle nouvelle et c'est sans doute là (aussi) que nous nous rencontrons. Je crois enfin, comme l'auteur, que cet art, naturellement sacré, destiné à mémoriser mythes ou événements, est bel et bien en soi une première écriture.

Immense ouvrage donc, dans son regard couvrant toute l'histoire de l'humanité depuis qu'elle écrit et jusqu'à ce qu'elle se trace des lignes pour le faire ; immense ouvrage aussi dans son courage à faire, de manière particulièrement érudite et souvent vécue, le tour des livres de pierre de la planète ; immense ouvrage dans les réflexions qu'il amorce et suscite sur l'étonnante homogénéité de l'inspiration primordiale de cette graphie et, par voie de conséquence, sur celle probable de ses scribes. Merci à l'auteur – un ami – et à l'éditeur – d'une certaine manière, aussi – pour m'avoir permis de graver quelques pensées et de peindre quelques hommages sur la première pierre de son édition française.

L'art préhistorique en Europe

Une douzaine d'auteurs ont été réunis à l'initiative toujours étonnamment tonique d'Emmanuel Anati pour nous parler des 20 millions d'images que nous ont léguées, en Europe, les hommes préhistoriques en quarante millénaires.

Il me revient dans cette ouverture dont m'ont chargé ces auteurs de mettre en place cette somptueuse créativité et ses créateurs.

Il n'est pas inutile de se souvenir que cette humanité créatrice, née sous les tropiques d'Afrique, a au moins 3 millions d'années ; il est encore moins inutile de se souvenir que le tout premier hominidé – humain ou préhumain – qui a eu l'idée et l'audace de taper sur un caillou avec un autre caillou pour changer la forme du premier a bien pris conscience alors des deux formes successives de ce caillou premier, aménageable et puis aménagé. Et, à partir de cet instant, l'hominidé inventeur n'a plus cessé de fabriquer des formes, de les identifier, de les reproduire, de les multiplier, de les diversifier, de les améliorer.

Il est évidemment probable que ces premiers objets ont été destinés à remplir des fonctions utilitaires, mais je ne serais pas étonné que certains, très vite, aient été spécialement traités pour être beaux – choix de matière, de couleur, de « design » – ou récoltés parce qu'ils l'étaient ; la symétrie d'un certain nombre d'outils en est un exemple, la collecte de coquilles, de dents et d'ossements pour les assembler en bracelets, colliers ou chevillères ou même la collecte de fossiles ou de minéraux pour le seul plaisir de la curiosité en sont d'autres. Tout cela signifie une longue histoire de la reconnaissance de formes ayant évidemment préparé la projection gravée, peinte ou sculptée du dessin de certaines d'entre elles sur des objets mobiliers ou des parois immobilières.

Il n'est pas inutile de se souvenir encore que cette humanité créatrice s'est très vite déployée, à partir de son berceau tropical africain, vers les régions plus septentrionales de l'Afrique et puis bientôt par le Proche-Orient vers toute l'Eurasie méridionale jusqu'à un certain degré de latitude, et ce dès 2, 5 millions d'années.

Il s'est passé alors un événement inattendu. L'Europe s'est fermée de glaciers pendant les glaciations, de mers pendant les périodes interglaciaires. Le peuplement humain isolé de l'Europe s'est alors mis à diverger anatomiquement (on dit « dériver génétiquement ») de son grand voisin, celui qui couvrait l'Afrique tout entière et une grande partie de l'Asie jusqu'à la Chine ; celui de l'Europe se néandertalisait, celui de l'Afrique et de l'Asie se sapientisait. Et ce n'est que vers 50 000 ans que l'*Homo sapiens* curieux s'est déployé à son tour à travers toute la péninsule européenne déjà peuplée de néandertaliens.

Et c'est apparemment, en tout cas pour l'Europe, chez certaines de ces populations allochtones-là qu'a surgi en deux foyers, l'un occidental, l'autre central, cette nouvelle étape de l'expression de la pensée symbolique, le dessin et son traitement en gravures, en peintures, en bas-reliefs, en hauts-reliefs, en rondes-bosses.

Explosion préparée, mais explosion quand même puisque ces écoles ne surgissent ni partout ni tout le temps, mais de manière très localisée et très bien datée. Même si Neandertal est brillant, même s'il lui est arrivé parfois de griffonner sur des os ou des dents, c'est à *sapiens* qu'est venu à une certaine époque de son histoire ce génie de l'écriture et du graphisme.

Et *sapiens*, heureux d'avoir découvert ce moyen de communication nouveau, s'en est servi en abondance en grottes et à l'air libre, sur monuments et sur « tablettes », sur pierre, sur os et sur bois.

Le lecteur s'apercevra d'ailleurs très vite au fil des pages de la richesse et de la qualité de ces œuvres, de leur diversité le long des millénaires et de l'extraordinaire lithothèque que ces hommes nous ont laissée. Merci à Emmanuel Anati et aux collègues qu'il a sollicités de s'être employés à nous esquisser savamment les caractéristiques des grandes époques et des grandes écoles de cette imagerie ; nous sortons de ce livre éblouis par l'importance patrimoniale de ces archives qu'il est du devoir de l'humanité tout entière de protéger, préserver, conserver pour l'héritage qu'il représente, d'autant plus que cet héritage est loin d'avoir encore livré tous ses messages et toutes ses leçons.

La grande école de peinture franco-cantabrique

Un peu plus de vingt ans me séparaient d'André Leroi-Gourhan, mais je n'ai jamais véritablement été son élève ; ma formation naturaliste m'avait en effet fait mettre le pied à l'étrier professionnel du côté des sciences de la Terre, ce qui n'était pas le côté habituellement fréquenté par André Leroi-Gourhan, établi sur la rive des sciences de l'homme. Il a fallu les découvertes des divers fossiles humains de mes expéditions africaines pour que nos chemins se rencontrent ; c'était il y a vingt-cinq ans, mais ensuite, pendant plus de quinze ans, ces chemins ne se sont plus quittés. André Leroi-Gourhan, malgré une extraordinaire palette de recherches et de réflexions, étudiait alors les comportements et les productions des hommes du paléolithique supérieur en Europe de l'Ouest, tandis que je tentais de comprendre et d'interpréter l'anatomie et l'environnement des australopithèques et des hommes du pliocène et du pléistocène inférieur en Afrique de l'Est. Et nos conversations fréquentes et fécondes, reflets obligatoires des recherches dans lesquelles nous étions immergés, m'avaient fait prendre conscience, avec amusement, du fait que nous regardions l'un et l'autre l'histoire de l'homme, malgré nous, de l'endroit et de la période où nous nous « trouvions » : André Leroi-Gourhan, du haut de ses grottes ornées, voyait mon vieux quaternaire et ses habitants encore fondus dans le monde animal et, du même coup, quelque peu confondus avec lui ; je voyais, du bas de ma savane à préhumains presque humains, ses Cro-Magnon et leurs préoccupations métaphysiques engagés dans le monde moderne au point qu'ils ne m'en paraissaient que bien peu dissociés. C'est naturellement de ce bout-là de ma lorgnette que je vais pour le lecteur regarder aujourd'hui la préhistoire de l'art occidental : c'est une perspective qui, venant de ma plume, n'aurait certainement pas surpris André Leroi-Gourhan ; c'est en tout cas comme si je la composais pour la lui soumettre que je vais l'écrire et c'est évidemment avec toute la déférence et l'admiration que l'on imagine que je la dédie volontiers à sa mémoire.

Il y a 10 millions d'années, l'Afrique équatoriale était un pays peu élevé, bien arrosé, uniformément planté de forêts et de savanes boisées ; il y régnait un climat tropical et humide sans saisons vraiment marquées. Cette Afrique était habitée par un grand singe, quadrupède, arboricole, occasionnellement redressé, ardent consommateur de fruits, de graines et de petit gibier, qui y vivait heureux en petits groupes bien organisés, d'un océan à l'autre.

Mais il y a 8 millions d'années, cette Afrique-là se brisa ; un mouvement tectonique impressionnant – effondrement et soulèvement couplés – coupa en deux ce large ruban bien repassé, séparant une grande province occidentale d'une petite province orientale. La répartition des masses d'air et de ce qu'elles transportaient en fut naturellement perturbée ; l'Ouest put conserver le rythme de ses précipitations, tandis que l'Est voyait s'installer un régime saisonnier de pluies et de sécheresses – la mousson. L'Ouest demeura donc couvert de végétation, tandis que l'Est se découvrit, et la population de grands singes, coupée elle aussi en deux par fossé et muraille, fut confrontée à des paysages différents suivant sa localisation ; les grands singes de l'Ouest conservèrent à peu près le milieu forestier ancestral, tandis que les grands singes de l'Est se trouvèrent dans la nécessité de s'adapter à un monde nouveau qui voyait à la fois ses abris disparaître et ses horizons s'élargir. Les premiers deviendront les panidés, gorilles et chimpanzés ; les seconds, les hominidés, australopithèques puis hommes. Notre famille se serait détachée ainsi du reste de l'arbre phylétique des primates pour des raisons purement événementielles, ce qui n'est pas surprenant puisque c'est souvent ainsi, par isolement péripatrique d'un petit groupe, que se réalise une spéciation nouvelle.

8 millions d'années représentent donc la dimension de ce segment qui nous est propre et dont le berceau est désormais clairement situé et circonscrit puisqu'il s'agit de cette province biogéographique qu'on appelle Afrique orientale, comprise entre vallée du Rift et océan Indien[1].

Le premier épisode de ce segment, de loin le plus long, est celui qu'illustrent les australopithèques, que l'on pourrait logiquement qualifier de préhumains ; ce sont en effet incontestablement déjà des hominidés, les premiers, et cependant pas encore des hommes. Ils occupent la tranche 8 millions-1 million d'années, demeurent au creux de leur berceau est-africain les 4 premiers millions d'années et agrandissent leur domaine à l'Afrique centrale à partir de 4 millions d'années et méridionale à partir de 3. Beaucoup plus diversifiés qu'on ne les a longtemps imaginés, ils nous

1. La raison environnementale du détachement de notre famille (ou sous-famille) de l'arbre des grands primates a été confirmée depuis, mais sa localisation agrandie.

offrent l'histoire d'une évolution spécialisante collant à celle du milieu, avec ses stases, ses transformations douces et ses crises – *Motopithecus*[1], *Preaustralopithecus*[2], *Australopithecus*, *Paranthropus* –, et après un mouvement de l'Est au Centre et au Sud[3], suscité lui-même par le climat, ils nous proposent l'exemple, d'ailleurs superbe, d'une évolution parallèle : *Australopithecus*, *Paranthropus*.

L'image la plus complète de ce que furent ces préhumains nous a été donnée par les éléments d'un squelette de *Preaustralopithecus* de 3 millions d'années, découvert en Éthiopie, auquel, parce qu'on a pensé en reconnaître le sexe, on a donné le prénom informel de Lucy. Cette image, qui est en elle-même, s'il en était besoin, une démonstration de l'existence de phénomène évolutif en même temps que de la manière différentielle dont procède ce phénomène, est en effet fascinante par la distribution de ses caractères en deux grandes catégories : les anciens – hérités – et les nouveaux – dérivés. Le petit personnage de Lucy (1,10 mètre, 25 kilos), ou tout individu de son espèce, offre, par exemple, un encéphale très modeste (340 centimètres cubes), probablement guère plus

1. Appelé aujourd'hui *Samburupithecus* et considéré comme un primate d'une branche différente.

2. Dénomination non retenue, confondue aujourd'hui avec *Australopithecus*.

3. Mouvement non confirmé.

volumineux que celui de l'ancêtre d'avant 8 millions d'années, mais dont la répartition des lobes annonce celle de l'encéphale humain (*sulcus lunatus* très en arrière, réduisant l'importance du lobe occipital au profit des autres) ; sa denture, aux premières incisives supérieures très grandes et aux premières prémolaires inférieures monocuspides comme avant, n'en présente pas moins des canines de taille réduite et des dents jugales de taille accrue, toutes à émail épais, comme après ; son squelette appendiculaire aux membres inférieurs aux articulations instables, et supérieurs aux articulations puissantes, les unes et les autres typiques d'un comportement arboricole, présente une colonne vertébrale aux quatre courbures et un bassin en pression non moins typiques d'une locomotion bipède. On pourrait multiplier les exemples de contradictions anatomiques apparentes au regard des références – chimpanzés ou hommes – dont on dispose.

Il convient d'introduire ici, dès maintenant, une autre dimension, la dimension culturelle. Dans des niveaux sédimentaires d'Éthiopie, dépassant en effet 3 millions d'années[1], de multiples éclats de pierre, dont certains retouchés, ont été recueillis en association avec des restes d'australopithèques ; cette phase de la manufacture a dû être certes précédée par bien des années de manipulations diverses et complexes,

1. Datation non confirmée.

mais les effets de ces manipulations-là étaient situés en deçà du seuil de reconnaissance des préhistoriens. L'usage par l'hominidé, dans le cas éthiopien cité précédemment, de pierres délibérément transformées permet évidemment formellement cette « reconnaissance » – usage d'ailleurs apparemment destiné, après examen microscopique des tranchants, au grattage ou à l'épluchage de fruits et de légumes. Il y a sans doute un peu plus de 3 millions d'années, la Terre frissonne et l'Afrique orientale s'assèche ; le rapport du nombre de pollens d'arbres sur celui de pollens d'herbes passe en Éthiopie de 0,4 à 0,01 et toute la faune s'adapte aux nouveaux paysages encore plus découverts que n'étaient ceux de 8 millions d'années ; les éléphants accroissent la hauteur et le nombre de lames de leurs molaires, les cochons la longueur et le nombre de tubercules des leurs, les antilopes de brousse sont remplacées par des antilopes de prairie, les rongeurs grimpeurs par des rongeurs fouisseurs, et les hominidés proposent un bel échantillon de réactions, migration, spéciation, mutation : c'est en effet le moment et la raison de leur expansion vers le Centre et le Sud, c'est celui de l'apparition des formes robustes – *Paranthropus aethiopicus*, *Paranthropus boisei*[1] –, c'est aussi celui de l'émergence de l'homme.

1. Que j'ai appelés ailleurs *Zinjanthropus* pour les distinguer des *Paranthropus* sud-africains.

Dès 3 millions d'années, en effet, les humains sont là, débutant le deuxième épisode, le plus court, du segment évolutif qui est le nôtre, partageant donc les deux premiers millions d'années avec les préhumains. Ils se différencient de ces derniers par un encéphale presque deux fois plus gros et par une mâchoire capable de manger de tout, aussi bien des végétaux que de la viande ; cette double adaptation-là va entraîner un changement particulièrement important du comportement de ces nouveaux hominidés. Le cerveau plus volumineux va leur apporter un niveau de réflexion meilleur, et la partie carnée de leur régime alimentaire, une vivacité plus grande. Si on ajoute à cela une démographie doucement croissante, territorialement plus exigeante, et un outillage de plus en plus diversifié au fur et à mesure de la multiplication des activités auxquelles il est destiné, autorisant une adaptation élargie à un nombre de plus en plus important de niches écologiques, on ne sera guère étonné de voir se déclencher alors un phénomène qui est encore en cours aujourd'hui : l'extravagant déploiement des hommes à partir de ce berceau, à travers l'Afrique et l'Eurasie par le Proche-Orient tout d'abord, l'Amérique, l'Australie et les îles du Pacifique plus tard, les planètes du système solaire plus récemment.

Cette filiation australopithèque-homme (préhumains-humains) n'est guère contestée, mais elle apparaît, au fil des découvertes et de leur analyse, plus complexe qu'on ne l'avait imaginée. D'abord linéaire, *Australopithecus africanus-Homo habilis*, son image s'embrouille, puisqu'elle propose aujourd'hui la coexistence de plusieurs premiers hommes – *Homo habilis*, *Homo rudolfensis* –, descendant donc de plusieurs australopithèques, et même plus tard celle de plusieurs deuxièmes hommes – *Homo erectus*, *Homo ergaster*. Il semble cependant que cette exubérance phylogénétique n'ait jamais dépassé le creuset est – et peut-être sud-est – africain, là où se situent les géniteurs, et qu'avec l'expansionnisme des hommes, leurs parentés se simplifient. Cela dit, ce n'est bien sûr pas *Homo erectus*, bon second, qui s'en va, conquérant, découvrir le monde, comme il est dit partout, mais *Homo habilis*, le premier. Dès que l'hominidé est homme, dès qu'il appartient au genre *Homo*, il est doté de ces comportements nouveaux, curiosité et mobilité, dont on a parlé, puisque ce sont précisément ces traits qui font de lui un nouveau taxon ; il n'a donc aucune raison d'attendre que le temps d'*habilis* se passe et que le règne d'*erectus* arrive pour se mettre en route ! C'est la raison pour laquelle de plus en plus de découvertes d'outils de pierre – qui se conservent évidemment mieux que des ossements –, soupçonnés d'avoir 1 ou 2 millions, voire plus de 2 millions d'années, sont annoncées d'un bout à l'autre de l'ancien monde, trahissant l'ancienneté, prévisible, du peuplement de ses trois continents.

Cette fantastique poussée de 3 millions d'années – qui, comme nous l'avons laissé entendre, n'est pas encore apaisée – a donc été conduite par des hommes à qui l'on a donné, à tort, des noms différents. Les premiers, comme nous l'avons vu, sont en effet appelés *habilis*, les suivants, *erectus*, les troisièmes, *sapiens*. On sait en fait, de mieux en mieux, que, comme il existe tous les intermédiaires possibles entre les premiers et les seconds, les seconds et les troisièmes, l'histoire anatomique des hommes est une histoire parfaitement continue, au sein de laquelle de telles divisions spécifiques sont artificielles et sources de confusions. Une évolution physique douce ne se manifeste certes pas moins chez ces humains successifs au cours de ces années et de cet exode : partout où ils se trouvent, les hommes dits *habilis* se transforment effectivement en hommes dits *erectus*, qui se transforment eux-mêmes incontestablement en hommes dits *sapiens* – le crâne et l'encéphale qu'il recouvre s'agrandissent et s'arrondissent, les dents réduisent leurs dimensions, les membres inférieurs améliorent leur locomotion, les membres supérieurs affinent leur gestuelle. Mais il ne s'agit, d'une extrémité à l'autre de la métamorphose, que de l'histoire caractéristique de ce que l'on nomme un gradualisme phylétique.

C'est d'ailleurs cette extraordinaire régularité de la transformation, malgré la grande dimension du territoire occupé (tout l'ancien monde), qui va permettre de résoudre la seule exception que présente le système : le peuplement de l'Europe[1]. L'Europe a dû en effet être rejointe avant 2 millions d'années par la curiosité envahissante des hommes. Or, en cette fin du tertiaire et durant tout le quaternaire qui va suivre, la Terre va vivre une incroyable succession de périodes froides et de périodes un peu moins froides, les premières étant d'ailleurs plus généreuses que les secondes. La traduction de ce phénomène sera la quasi-fermeture du continent européen par le développement au sud du glacier alpin et au nord du glacier scandinave. La première population européenne va donc se trouver isolée géographiquement et, donc, génétiquement de la population dont elle est issue ; elle va, par suite, subir la dérive de n'importe quelle population placée dans ces conditions insulaires. Sous la pression évolutive que nous avons évoquée, *Homo habilis* va y devenir *Homo erectus*, et *Homo erectus*, *Homo sapiens*, mais c'est un *Homo erectus* particulier – déjà dérivé – que va fabriquer l'*Homo habilis* fondateur, et c'est un *Homo sapiens*[2] encore plus particulier que fabriquera l'*Homo erectus* particulier, *Homo sapiens* que l'on appellera l'homme de Neandertal. L'homme de Neandertal n'existe donc pas en tant que

1. On a découvert ou reconnu plusieurs autres exceptions depuis, l'homme de Java, l'homme de Flores, l'homme de Denisova.

2. Considéré aujourd'hui comme une espèce à part entière, *Homo neandertalensis*.

taxon fossile – espèce ou sous-espèce – bien circonscrit[1], mais demeure un phénomène de dérive génétique qui affecte, 2 millions d'années durant, l'ensemble du peuplement européen, phénomène auquel, en souvenir, on peut conserver le nom de « néandertalisation ».

Les *Homo sapiens* d'Europe (La Chapelle-aux-Saints, La Ferrassie) sont certes plus « néandertalisés » que ne le sont les *Homo erectus* d'Europe, mais ces *Homo erectus* d'Europe (Mauer, Tautavel...) n'en sont pas moins déjà « contaminés » par la dérive : ce n'est qu'une question de quantité de « néandertalité ».

L'Europe en était là de son histoire, lorsqu'à la faveur d'une courte amélioration du climat les humains du reste du monde, parvenus alors au stade *Homo sapiens sapiens*, ont repris leur infatigable exploration ; à l'est de leur territoire, ils ont franchi le Béring et entamé leur inspection systématique du nouveau monde ; au sud-est, à bord des premiers bateaux, ils ont débarqué sur les côtes australiennes ; à l'ouest, ils ont une nouvelle fois longé les rives septentrionales de la Méditerranée, franchi les Alpes et traversé les plaines de l'Europe centrale et sont arrivés dans cet Occident de l'Ancien Monde, aussi surpris que Christophe Colomb l'avait été dans un autre lieu et à une autre époque, d'y trouver des habitants, cette fois les néandertaliens, oubliés depuis longtemps. Et ces nouveaux

1. Sans doute que si.

venus, ces immigrés du paléolithique supérieur, ce sont, cher M. Leroi-Gourhan, vos fameux Cro-Magnon.

Parallèlement à cette histoire anatomique et à celle de son décor, se déroule partout une autre histoire, intimement liée bien sûr aux précédentes, mais suffisamment originale pour démarquer peu à peu l'homme du reste du monde vivant, l'histoire de l'esprit. La tendance au développement de l'encéphale, siège de cet esprit, est en fait une des caractéristiques de l'ordre des primates, sensible depuis 70 millions d'années ; la tendance à l'amélioration de la vision, par développement des lobes cérébraux correspondants et migration des yeux en façade, permettant une perception meilleure du relief et des distances, remonte aussi à cette époque de la fin du secondaire, où s'amorce dans ce groupe la conquête du milieu arboré. La tendance à la mise en place de l'abduction du pollex et de l'hallux, devenant opposables aux autres doigts pour une saisie de plus en plus précise des branches mais aussi d'autres objets, accompagne bien évidemment cette adaptation-là. Les conséquences de ces transformations sont immédiates : ce sont les développements d'une communication plus élaborée – mimiques et vocalisation – et ceux d'une manipulation de tout ce qui est saisissable.

Un saut de plus de 60 millions d'années va nous montrer, magnifiées, les tendances amorcées au crétacé ou au paléocène : la Rift s'est ouverte, le corps s'est dressé dans un paysage qui se découvrait ; la société s'est resserrée au fur et à mesure qu'y grandissaient les dangers, l'encéphale s'est accru en volume et en complexité ; les voies respiratoires se sont adaptées à la sécheresse ambiante. En ont résulté, pour la première fois, découverte de l'horizon éclaté, connaissance de l'autre et de la société, perception du pouvoir de la transformation des choses et de son efficacité, nécessité d'une expression plus précise et plus nuancée – en d'autres termes, réflexion, émotion, outils, langage. C'est l'origine de la conscience et de l'amour, c'est aussi celle du geste et de la parole.

La petite aiguille, ne l'oublions pas, est alors sur 3 millions d'années. Celle de l'art occidental se situe, quant à elle, sur 30 000 ans ou un peu plus au départ, sur 10 000 ou un peu moins à l'arrivée ; entre les deux, crût la pensée et se multiplièrent ses produits étranges. Ce furent, pendant longtemps, des objets taillés, utilitaires et utilisés, dont l'efficacité et la diversité ne cessèrent de progresser au fil de l'apprentissage de leurs artisans à la vie réfléchie ; puis à ces objets se mêlèrent quelques autres, de luxe, de parade, de curiosité, de décor, utiles mais cette fois plus volontiers à la vie intellectuelle, spirituelle, esthétique. De ces formes à leurs projections dessinées, peintes, modelées, il n'y avait plus qu'un petit pas, qui fut fait dans bien des endroits du monde, vers ces années où naquit l'art extraordinaire dont ces pages sont pleines.

Vous aviez dit, cher M. Leroi-Gourhan, avec ce sens du raccourci teinté d'humour qui vous était propre, que les hommes préhistoriques ne nous avaient finalement laissé pour les comprendre que leurs couteaux ; et partant de cette constatation, vous aviez proposé une méthode simple et particulièrement ingénieuse pour mesurer l'évolution du savoir-faire de ces hommes successifs et celle du progrès de leur réflexion. Il suffisait, disiez-vous, de peser 1 kilo des pierres taillées par les hommes des différentes époques étudiées – la pierre étant de préférence la même –, de mesurer la longueur des tranchants des pierres contenues dans ce kilo et d'additionner ces mesures. Voici à peu près les étonnants résultats que vous aviez obtenus : pour les hommes (*habilis*) de 2 millions d'années, la longueur d'efficacité était de 10 centimètres ; pour ceux (*erectus*) de 500 000 ans, cette longueur était déjà de 40 centimètres ; pour les *Homo neandertalensis* ou *sapiens* de 50 000 ans, elle était de 200 centimètres ; enfin pour les *Homo sapiens sapiens* de 20 000 ans, ceux du Roc de Sers, ceux de Lascaux, ceux de Pech-Merle, elle avait atteint le chiffre extraordinaire de 2 000 centimètres au kilo de pierres taillées.

Mais si, maintenant, on cherche à mesurer l'accélération de cette progression exponentielle, on est surpris de constater que sur 2 millions d'années par exemple, le rendement de 10 centimètres de tranchant au kilo de pierres taillées caractérisera le premier million d'années tout entier, celui de 40 centimètres, les 900 000 ans suivants, et ce ne seront que les 100 000 années restantes, les 100 000 dernières années, qui offriront les 200 et 2 000 centimètres de tranchant au kilo de pierres taillées, puis les 7 000 centimètres obtenus pour le mésolithique, mais aussi les centimétrages des tranchants des métaux, des alliages, des matériaux de synthèse, etc.

Je me suis permis, avec respect, de prolonger un peu cette expérience en me demandant aussi qui avait fait quoi. Et j'ai trouvé que si l'*Homo habilis* avait en effet été l'auteur du rendement de 10 centimètres de tranchant au kilo de pierres taillées, les premiers *Homo erectus*, ou ceux qu'on appelle ainsi, n'avaient pas fait mieux, et que, de la même manière, si les *Homo erectus* suivants avaient certes considérablement amélioré ce résultat en le quadruplant, les premiers *Homo sapiens*, ou ceux que l'on nomme ainsi, n'avaient pendant bien longtemps pas fait plus. Mais j'ai trouvé aussi qu'à partir de 100 000 ans, c'étaient cette fois les performances techniques qui se succédaient à un rythme de plus en plus rapide tandis que leurs inventeurs ne changeaient plus d'appellation latine : ils étaient tous *Homo sapiens*. Et ces vitesses d'évolution différentielles de la nature et de la culture, la nature ayant donc été d'abord et très longtemps plus rapide que la culture, puis la culture devenant incontestablement à partir de 100 000 ans la plus rapide, montraient comment peu à peu l'instinct s'effaçait devant le libre arbitre. La culture, ou ce que les préhistoriens appellent ainsi et qui recouvre évidemment aussi bien le comportement pratique et la technologie consécutive que la réflexion philosophique et la symbolique qui en découle, ayant de plus en plus souvent la réponse à la sollicitation du milieu avant que ne puisse s'exprimer la réaction instinctive, avait peu à peu fait prévaloir, presque insidieusement, la solution du choix délibéré ; elle s'était finalement développée, depuis plus de 3 millions d'années, au point qu'elle avait fini par envelopper son créateur dans une véritable bulle. En isolant ainsi l'homme de la nature par un environnement nouveau et protecteur, la culture lui avait tout simplement donné sa liberté. C'est donc la connaissance qui nous a offert notre dignité et c'est la préhistoire qui le démontre.

À l'Occident de l'Europe, il y a 30 000 ans, les hommes appartiennent donc tous à ce stade culturel « enveloppé » qui est aussi le nôtre. Le relais entre les indigènes néandertaliens à la civilisation brillante d'ingéniosité, de curiosité, de religiosité, et les allogènes cromagnoïdes venus d'Orient, porteurs eux-mêmes d'une civilisation en bien des points comparable, mais porteurs aussi des germes de ce qui va devenir l'art préhistorique occidental, vient juste de se faire, relais d'ailleurs sûrement plus doux et plus progressif qu'on ne l'a imaginé. Et nous voici, après cette longue perspective, au cœur de l'immense œuvre qu'elle a pour tâche d'introduire, œuvre de recherche élaborée grâce à une belle complicité entre auteur et éditeur – Lucien Mazenod lui-même ayant sollicité cet ouvrage. C'est un travail de relevés systématiques sur le terrain, d'analyses en laboratoire, de classements, d'interprétation qui, au terme d'un raisonnement d'une belle élégance, débouche sur une vision toute neuve de l'art que l'on appelle de manière joliment désuète « des cavernes ».

La grotte, précisément, est elle-même la première structure à prendre en considération ; elle est déjà un symbole en soi et les marques qu'elle porte seront organisées en fonction de sa forme, de son développement, de son volume ; ces signes, gravures ou peintures parfois d'une très grande beauté réaliste, parfois appelées abstraites parce qu'on ne les comprend pas, sont tous codés ; ils ont un sens en eux-mêmes et un sens en groupes, associations qui ressemblent alors à s'y méprendre à une première écriture. En d'autres termes, on ne trouve jamais n'importe quoi dessiné n'importe où ; les signes répertoriés se rencontrent dans des endroits précis, associés de manière bien déterminée, même si une certaine diversité n'en apparaît pas moins dans les styles régionaux ou dans les traitements successifs. Bien que l'auteur conclue modestement à son incapacité d'accéder à la lecture du contenu du mythe dont il a su reconnaître le contenant, ce travail représente, est-il besoin de le préciser, un immense progrès dans la compréhension de l'art et de la cosmogonie des hommes du paléolithique supérieur dans la plus grande partie de l'Europe.

Évoqué en 1947, commencé en 1956, publié en 1965, ce monument est entré depuis maintenant près de trois décennies dans l'histoire de l'histoire de l'homme. Après trente années d'un succès qui ne s'est jamais démenti, la publication d'une mise à jour de la *Préhistoire de l'art occidental* s'imposa à son éditeur : il fit alors appel à deux des plus proches héritiers spirituels d'André Leroi-Gourhan, Brigitte et Gilles Delluc, pour réaliser ce qu'ils nommèrent eux-mêmes respectueusement la « restauration » de ce monument. Il convient de rendre ici un hommage chaleureux à leur remarquable travail, conduit souvent grâce aux propres documents du Patron – comme l'appelaient ses élèves –, mais grâce aussi à leur parfaite connaissance des découvertes réalisées depuis trois décennies et de l'évolution consécutive de l'interprétation de la signification de l'art paléolithique occidental. Les éditions Citadelles & Mazenod firent enfin appel à moi pour introduire cette réédition, privilège dont je suis évidemment très fier et responsabilité que je me suis efforcé d'honorer ; je suis à l'éditeur et à ses conseillers particulièrement reconnaissant de m'avoir confié cette belle tâche.

La figuration rupestre masculine

Voici le deuxième volet d'un immense travail du docteur Jean-Pierre Duhard sur la représentation des humains dans ce que l'on appelle l'art paléolithique ; l'auteur, médecin gynécologue, l'a débuté, par compétence donc, mais n'en doutons pas par galanterie, par l'analyse de l'image de la femme et cette première étude, brillante, a été publiée dès 1993 dans les *Cahiers du Quaternaire* édités par le Centre national de la recherche scientifique ; cette fois-ci c'est donc dans l'analyse de l'image de l'homme que le docteur Duhard s'est engagé, approche d'autant plus intéressante qu'elle a été beaucoup moins souvent traitée que la première et que, venant en second dans l'œuvre de Jean-Pierre Duhard, elle peut lui être comparée.

Bien que le corpus des représentations masculines embrasse sans doute une vingtaine de millénaires et un espace grand comme l'Europe, la première conclusion qui s'en dégage n'est pas la moins surprenante ; d'un bout à l'autre du paléolithique supérieur, de l'Atlantique à l'Oural, une incontestable homogénéité semble en effet réunir toutes ces représentations, par-delà croyances, écoles ou modes, et la variabilité qui en découle en un ensemble d'une cohérence impressionnante.

La figuration masculine, reconnaissable à la mention de certains caractères sexuels, primaires, secondaires mais aussi tertiaires – port d'armes par exemple –, y est toujours une figuration dynamique, souvent en situation, nue ou vêtue de dépouilles, mais en même temps particulièrement schématique ; elle n'est jamais un portrait – c'est un antiportrait, dit l'auteur – et elle répond, de manière évidente, à un certain nombre de conventions. La figuration féminine, bien que tout aussi nue et codée, est beaucoup plus statique que celle de l'homme, mais elle est, il est vrai, signifiante par sa seule anatomie – le docteur Duhard parle à son sujet de réalisme physiologique ; quant aux figurations animales, elles se montrent, faut-il le rappeler, comme par opposition, étonnamment descriptives.

Fascinante étude donc qui, pas à pas, remarque après remarque, nous fait pénétrer plus avant le sens de cette première écriture, sans ligne et sans échelle bien que dotée d'une mise en pages élaborée, constituée d'humains elliptiques, d'animaux détaillés et de ponctuations que l'on nomme abstraites faute de pouvoir les lire. Mais, au-delà de l'appréhension meilleure des fragments de textes ainsi recueillis, n'oublions pas de mentionner la richesse de l'information comportementale, sociale, spirituelle, que l'auteur a su extraire de ces messages ; l'homme est conquérant, la femme protégée, le travail divisé, la société structurée ; la communication y joue un grand rôle, l'affrontement un rôle très modeste d'autant plus que lorsque, exceptionnellement, il survient, il n'est que verbal. Quant à cette projection d'idées sur supports mobiles ou immobiles, si son statut médiatique ne peut être précisé – artistique ou religieux ou les deux –, il est par contre possible de dire qu'elle est due à de vrais créateurs, maîtres et disciples, dont certaines des œuvres sont même incontestablement signées.

Merci Jean-Pierre Duhard de nous faire ainsi progresser dans la compréhension du premier des langages européens transcrits, en nous apprenant à mieux épeler sa typographie franco-cantabrique et en nous aidant à découvrir à travers elle un peu de la vie quotidienne et de la pensée symbolique de ses auteurs. [...]

La figuration féminine en ronde-bosse

Ces actes sont ceux d'un bien beau congrès, né, comme on dit en astrologie, de la conjonction heureuse d'une idée généreuse, celle d'un préhistorien d'en célébrer un autre, de la réponse intelligente et particulièrement efficace d'un Conseil général et de la mobilisation unanime et incroyablement chaleureuse d'une population : le préhistorien initiateur est Henri Delporte, le préhistorien célébré, Édouard Piette, le Conseil général, celui des Landes, la population, celle de Brassempouy. Quant au thème du colloque, il faut dire qu'il était en lui-même séduisant puisque, sous le prétexte du centième anniversaire de la découverte par Édouard Piette, dans la grotte du Pape, de l'élégante petite sculpture en ivoire de mammouth dite Dame à la capuche, il s'énonçait en effet ainsi : « La dame de Brassempouy, ses ancêtres, ses contemporaines, ses héritières ». Tout cela fit que cette conférence parvint à réunir les 22 et 23 juillet 1994 sous un même chapiteau, une foule de préhistoriens, mais surtout la grande majorité des spécialistes mondiaux des représentations féminines du paléolithique supérieur d'Eurasie ; cela fait aussi que cet ouvrage qui prolonge heureusement la réunion et que j'ai eu le plaisir et l'honneur d'ouvrir, présente, pour la première fois, un tour d'horizon aussi complet de cette facette si originale de l'art gravettien, solutréen ou magdalénien – les Vénus – qui s'est curieusement développé, de l'océan Atlantique jusqu'au lac Baïkal.

Je tiens bien évidemment à rendre d'abord hommage ici, comme j'avais tenu à le faire le jour de l'ouverture du colloque, à la mémoire d'Édouard Piette, à son extraordinaire personnalité et à sa passion sans défaillance, toute sa vie durant, pour sol et sous-sol, contenant géologique et contenu paléontologique ou archéologique, et leurs lectures et interprétations. De ses Ardennes de naissance aux Pyrénées de ses cures, en passant par l'Aisne, le Gers, la Mayenne ou le Maine-et-Loire où l'avait conduit sa carrière de magistrat, Édouard Piette a su en effet tout le temps et partout observer, chercher, découvrir et recueillir. Et comme il avait la main heureuse, il est parvenu à réaliser une extraordinaire collecte de fossiles et d'objets préhistoriques, et, plus particulièrement, en ce qui nous concerne ici, la plus importante collection au monde d'objets d'art paléolithique, collection qu'il a d'ailleurs offerte au Musée des antiquités nationales de Saint-Germain-en-Laye. Pionnier de la rigueur dans les méthodes de fouilles, il ne faudrait pas que la qualité de ses découvertes ou celle de leurs repérages fasse oublier son apport considérable à la connaissance scientifique des temps préhistoriques en général, sa découverte des étages aurignacien et azilien par exemple, ou ses tentatives renouvelées de mise sur pied des toutes premières échelles chronologiques dont l'abbé Breuil, son élève, s'inspirera largement.

Je voudrais saluer ensuite tous les préhistoriens qui ont bien voulu répondre à l'invitation d'Henri Delporte, venir d'endroits lointains présenter leurs statuettes et enrichir par suite de leurs données cet ouvrage-ci qui devient ainsi un peu un corpus. Jamais en effet autant de documents sur ces représentations – en majorité des rondes-bosses du paléolithique supérieur – ne s'étaient succédé sur un écran comme ces deux jours-là à Brassempouy, ni ne s'étaient trouvés réunis dans un même volume comme aujourd'hui dans les pages qui suivent. Et le phénomène des Vénus nous est apparu pour la première fois, grâce à cet éclairage synthétique, à la fois bien circonscrit dans son cadre, vaste et chronologique, assez étroit si l'on ne prend pas en compte certains de ses prolongements, et bien sûr immense dans sa diversité étalée longitudinalement sur plus de 10 000 kilomètres, et dans sa complexité consécutive. Loin de n'être en effet que des symboles un peu simples de fécondité, les Vénus, toujours délibérément « belles » – j'y tiens –, s'avèrent, comme on pouvait s'en douter, porteuses de multiples messages codés en fonction des époques, des lieux, des cultures. Je ne suis, à cet égard, pas peu fier d'avoir été le préhistorien qui a osé attirer l'attention de ses collègues sur le double dos de la Vénus de Lespugue ; deux femmes s'y affronteraient en effet par le bassin ; l'une aux cheveux libres est jeune, l'autre, à la chevelure savamment tressée, ne l'est plus, déjà plusieurs fois mère ; or un certain nombre de pièces, notamment italiennes, sont venues, durant cette rencontre, conforter ce constat de l'existence de ces statuettes doubles, vrais personnages de la mythologie paléolithique ou jeux.

Je saluerai, bien sûr, ensuite le maître d'œuvre de cette rencontre, Henri Delporte, dont le nom est-il besoin de le préciser, est indissociablement lié à la connaissance du paléolithique supérieur, à l'étude des statuettes féminines – puisqu'il s'est même offert le luxe d'en découvrir une – et, depuis déjà plus de dix ans, à l'exploration de la représentation de cette période à Brassempouy. Son énergie et sa renommée ont permis le succès de cette manifestation et de ses produits que sa personnalité a dominés d'un bout à l'autre. Je redirai ici mon admiration devant la qualité du relais pris par le Conseil général des Landes, son président Henri Emmanuelli, son attaché culturel Serge Soléan, et les nombreuses personnes gravitant autour d'eux ; je redirai enfin mon enthousiasme devant l'ultime maillon de cette extraordinaire chaîne exécutive, l'ardeur de tous les habitants de Brassempouy et de ses environs, leur organisation, leur humeur, leur chaleur.

Dans toutes les revues scientifiques du monde, on fait suivre, pour des questions d'efficacité de dépouillement, le titre de chaque article de ce qu'on appelle ses mots clés ; si je me livrais ici à cet exercice, je devrais aligner, sur deux registres : anniversaire, jubilé, colloque, succès, amitié, et préhistoire, Eurasie, femme, beauté, langage. [...]

Lascaux

À la mémoire de Jacques Marsal, un des quatre inventeurs de la grotte de Lascaux, que l'enthousiasme et l'émerveillement du 12 septembre 1940 n'ont jamais quitté.

Deux créateurs, Thierry Felix et Philippe Bigotto, sont à l'origine de cette bande dessinée. Thierry Felix qui maîtrise parfaitement son sujet en a fait le scénario et les dialogues. Philippe Bigotto l'a merveilleusement dessinée.

Il est facile de mesurer combien je suis fier d'avoir été invité à me joindre à leur belle entreprise. Ces auteurs ont en effet bien compris que Lascaux représentait non seulement le prestigieux témoignage d'une étape, et non la moindre, de l'histoire de l'humanité que tout un chacun connaît ou presque, mais encore un très grand moment de l'histoire de son histoire que cette fois beaucoup ignorent.

Il est un peu de mon devoir de préfacier de rappeler d'abord à grands traits les étapes de notre prodigieuse histoire pour mieux situer celle que ce livre illustre. L'homme étant issu du monde animal, les premières marches de son évolution furent naturellement biologiques ; il y a 8 millions d'années, notre famille naissait, en effet, à l'indépendance, pour la première fois dégagée de son passé simien ; les préhumains qui la constituaient s'étaient redressés, libérant leurs mains, au moins en partie de la contrainte locomotrice ; il y a 3 millions d'années, ce furent les humains qui apparurent riches d'un plus gros cerveau et de la curiosité qui en découlait. Avec les derniers des premiers ou les premiers des seconds – on ne sait trop – émerge vers ces années la conscience ; le premier outil fabriqué est inventé et, avec lui, abordée la première étape culturelle de notre évolution. Puis, pendant des centaines de milliers d'années, l'homme va s'efforcer d'améliorer sa découverte et de diversifier ses outils comme il multiplie ses activités.

Il y a 500 000 ans, il y ajoute la maîtrise de la première énergie, le feu ; il y a 100 000 ans, le goût de la parure et il y a 40 000 ans l'extraordinaire idée de tracer même sur des supports, d'ailleurs variés, ces formes et ces couleurs qu'il voyait, observait et qu'il aimait sûrement. Les peintures et les gravures de la grotte de Lascaux, très bien datées de 17 000 années[1], font ainsi partie d'une de ces premières écoles que nous avons appelées « artistiques » *a posteriori*. En inventoriant en effet les réalisations concrètes ou abstraites, de ces hommes et leurs associations préférentielles dans une composition ou un monument, il est vite apparu aux préhistoriens qu'ils avaient affaire à une écriture qui n'avait de narrative que l'apparence ; il s'agissait en fait de représentations symboliques, de la codification d'une mythologie ; comme tous ces grands abris ornés, la grotte de Lascaux était un sanctuaire. L'extraordinaire talent des hommes qui l'ont peinte et gravée n'en est évidemment pas moins une

1. Si ce n'est pas 17 000 exactement, on sait que le traitement (calibrage du carbone 14) de la date donnerait un âge plutôt supérieur (18 000 à 20 000 ans) qu'inférieur.

réalité et Lascaux, une des plus belles galeries d'art qu'ait jamais réalisées l'humanité.

Un sérieux refroidissement du climat a fait les habitants d'alors quitter la région pour des pays plus cléments ; le porche d'entrée s'est peu à peu effondré, des sédiments se sont infiltrés, des éboulis accumulés ; la nature a mis d'elle-même les scellés sur la grotte jusqu'à ce qu'un beau jour de septembre 1940, quatre jeunes gens – Jacques Marsal, Georges Agniel, Simon Coencas et Marcel Ravidat – y pénétrassent pour s'amuser et y découvrissent émerveillés les dessins dont les murs étaient couverts. Et, détail émouvant à la gloire de l'École, ces jeunes gens coururent avertir... leur ancien instituteur.

Avant de laisser le lecteur rencontrer lui-même, au fil de la bande dessinée, les péripéties de cette extravagante aventure, je voudrais lui dire un autre miracle de Lascaux ; non contente d'être la plus belle des grottes ornées du monde par la qualité des œuvres qu'elle porte, Lascaux, parce qu'elle était fermée, est en effet le site de cette sorte le plus homogène et le mieux daté, en même temps que celui qui a fourni le plus grand nombre de documents concernant les techniques de peinture et de gravure de cette époque ; on y a retrouvé les éléments des échafaudages nécessaires pour atteindre le haut des parois et les plafonds, les fibres torsadées des cordages pour les assembler, les colorants, les palettes, les mortiers et leurs broyeurs, les grattoirs, les burins et les lamelles à graver, les lampes de pierre et même les restes de viande (les ossements bien sûr) des sandwiches des artistes...

Je ne saurais finir sans saluer les scientifiques de plusieurs générations qui ont passé des mois, des années, parfois des vies à analyser ce monument et son contenu, Henri Breuil, André Glory, André et Arlette Leroi-Gourhan, Annette Laming Emperaire, Denis Vialou, Gilles et Brigitte Delluc, Thierry Félix.

La gravure protohistorique

À 80 kilomètres de la Méditerranée, au cœur des Alpes du Sud, il est un mont et deux vallées perchées à plus de 2 000 mètres d'altitude ; le mont s'appelle Bego, les vallées, Fontanalba et Merveilles. Consciencieusement modelées par de multiples glaciers tout au long de l'époque quaternaire, ces deux hautes saignées offrent ainsi aux visiteurs l'image d'une exceptionnelle collection de dalles de schistes permiens bien aplanies et joliment colorées par l'érosion polissante. Or, il y a quelque 4 000 ans ou presque, des populations d'agriculteurs et de pasteurs, sans doute séduites par le site mais aussi par les panneaux, n'ont pas su résister au plaisir d'y projeter leur foi en y piquetant des milliers de signes, faisant du Bego et de ses vallées, le plus beau livre de cette époque charnière qui connaît bien le cuivre, mais pas encore l'étain.

Depuis la fin du siècle dernier, les préhistoriens s'y sont intéressés. C'est évidemment de leur domaine. Formés à l'école naturaliste, ils ont répertorié les gravures, les ont cartographiées, classées, mesurées, reproduites, décrites, comparées, datées avec la patience et la rigueur qu'on leur connaît.

Mais, il y a deux ans seulement et pour la première fois, une épigraphiste y fut conviée à son tour. Elle était incontestablement d'un autre domaine. Formée à l'école archéologique, elle avait appris à lire cunéiformes et hiéroglyphes, emblèmes et symboles, mythes et allégories, travaillait plus à l'est, quelque part du côté des mondes hittite et louvite, et n'avait apparemment rien à voir avec cet album de pierre dont elle ignorait d'ailleurs jusqu'à l'existence. Et, cependant, le miracle arriva. Les gravures du mont Bego lui apparurent aussi bien dans leur ensemble que dans leurs parties comme un texte, un texte de plus, non linéaire celui-là, mais racontant ce que chaque jour lui répétaient les discours alignés des tablettes, des vases, des tissus des très vieilles tribus indo-européennes.

C'est l'extraordinaire description de cette lecture que j'ai le bonheur [...] d'introduire [...]. Mais c'est aussi la description de la rencontre de deux mondes qu'il me plaît de saluer, celle de la préhistoire, devenue d'ailleurs ici protohistoire, et celle d'une archéologie historique, désormais riche de l'écriture. Une telle rencontre n'est jamais simple ; les apprentissages et, par suite, les modes de pensée et d'expression n'y sont pas les mêmes.

L'enthousiasme assuré d'Emilia Masson troublera ainsi plus d'un préhistorien, comme par exemple la quantification excessive du préhistorien pourrait parfois surprendre Emilia Masson. Mais, au-delà de ces frissons, le lecteur devra se rendre à l'évidence de la puissance de la démonstration comparée des textes, des mythologies, des langues, des cérémonies : l'ensemble des gravures du mont Bego est un récit cosmogonique indo-européen. Le lecteur devra conclure qu'un regard neuf sur quelque sujet que ce soit est toujours un regard riche, source de réflexions nouvelles ; cet exemple en donne incontestablement une preuve magistrale.

Les rupestres yéménites

Michel Garcia et Madiha Rachad m'ont fait l'honneur de me demander de préfacer leur superbe corpus d'art rupestre yéménite et je leur en suis d'autant plus reconnaissant qu'il s'agit d'un travail pionnier dont l'éclairage est du premier coup éclatant.

Au simple catalogue des tableaux de pierre où graveurs, sculpteurs et peintres ont projeté leur foi et leur talent, les auteurs ont en effet ajouté de nombreuses réflexions d'analyses comparées de cultures et de passionnantes interprétations de récoltes archéologiques et paléontologiques des fouilles qu'ils ont d'ailleurs eux-mêmes entreprises au pied desdits tableaux. Il s'est naturellement ensuivi, ce qui est presque un luxe pour un premier bilan, l'établissement d'une chronologie des cultures, des styles et des climats qui se sont succédé durant les sept derniers millénaires ; aux gravures de buffles et d'aurochs, tracées près du sol, à celles de bouquetins et de chiens composées plus en hauteur, font suite des peintures de troupeaux et de petits personnages travestis, puis des gravures de grands personnages et de caravanes « légendées » en sud-arabique et ensuite en arabe.

Les paysages et les animaux y sont présents dans leur diversité, les hommes dans la richesse de leurs vêtements, de leurs outils et de leurs armes et dans celle de leurs comportements, de leurs coutumes et de leurs cultes.

Enfin, de manière à la fois originale et intelligente, Michel Garcia et Madiha Rachad terminent leur propos en appelant de leurs vœux le touriste sur « leurs » sites et en lui proposant un choix d'itinéraires préférentiels. [...] Souhaitons avec eux que soit protégé comme il le mérite ce livre d'histoire de la nature et des hommes d'un coin jusqu'alors peu connu de notre planète.

Les gravures gabonaises

Sous l'aisselle de l'Afrique, au creux de ce golfe de Guinée d'où partent, en zones concentriques, les auréoles de paysages de couverture décroissante, de la grande forêt à la savane, existait un véritable blanc de la carte des peuplements préhistoriques de ce continent. Les difficultés de prospection avaient sans doute inconsciemment amené les préhistoriens à conclure à des difficultés comparables pour des implantations humaines. Ce livre de Richard Oslisly et Bernard Peyrot est donc incontestablement un ouvrage pionnier. Le long de la vallée de l'Ogooué, au cœur du Gabon et de la toute première auréole, la plus arborée, ces auteurs ont en effet rencontré une extraordinaire succession, parfaitement inattendue, d'images piquetées sur des rochers et ce sont ces fascinants messages, vieux de plus de deux millénaires, qu'ils nous transmettent ici.

Entre les bassins du Zaïre et du Tchad, entre le Cameroun, la Centrafrique, le Congo et l'Angola, entre les réseaux des fleuves Bénoué, Sanaga, Chari, Logone, Oubangui, Congo, Zambèze, ont donc vécu des peuples. Et ici, comme ailleurs, ces peuples – que l'on qualifie sans discernement de « sans écriture » – ont bel et bien orné leurs poteries et les rochers de leur territoire des signes de leur compréhension de l'Univers, de la Terre et des êtres qui la peuplent, du ciel et des mystères qu'il éveille et des rapports qui unissent évidemment ces deux mondes. Langage codé certes, mais d'où émanent à la fois sens et esthétique, force et foi, expressions partagées et interprétations originales. La grande rosace d'Elarmekora, les chaînes de Kongo Boumba ou les vulves de Kaya Kaya sont de bons exemples de ces traitements élégants et particuliers, caractéristiques de ce que l'on peut désormais appeler l'école de l'âge du fer gabonais.

Richard Oslisly et Bernard Peyrot ont fait connaître par ailleurs bien d'autres peuplements, antérieurs et postérieurs, de cette grande province biogéographique, si peu connue auparavant, mais le propos de cette présentation a été volontairement limité par les auteurs à cet art qu'ils ont su en outre situer dans le temps. Une période que l'on peut appeler néolithique (jusqu'à 2350 ± 70 ans BP), riche d'une poterie carénée et bilobée, précède en effet un premier âge du fer à vases campanulés et à bords ouverts qui est précisément celui des rupestres, premier âge du fer suivi lui-même d'un second (à partir de 1970 ± 70 ans BP) à vases sphériques et à bords ouverts mais au méplat plus marqué et à de petits bols à bords rentrants.

Félicitons encore Richard Oslisly et Bernard Peyrot de leur découverte de cette nouvelle culture de métallurgistes et de leurs pétroglyphes ; elle vient ajouter une page brillante à l'histoire du peuplement de l'Afrique et à celle de son expression mythique. [...]

La première architecture monumentale

Depuis très très longtemps, l'homme construit ; des murs et des paravents, des tentes et des huttes, en branches et en feuilles, en peaux, en pierre et même en ossements parfois, en fonction des matériaux disponibles alentour.

Mais c'est il y a 8 000 ans qu'il a inventé l'architecture monumentale, architecture en pierre, toujours complexe, faite d'énormes blocs et de bourrage d'éléments de plus petit appareil. Et c'est à la pointe de l'Occident, en Armorique, qu'il a eu cette grande idée pour la première fois, pour certainement servir une grande cause spirituelle. Il a donc, pendant plusieurs milliers d'années, planté des menhirs, des menhirs repères, isolés ou par petits ensembles, des menhirs sacrés, en immenses compositions linéaires, circulaires, ovalaires ou quadrilatères, et bâti des sépultures collectives, dolmens à couloirs, à couverture tabulaire ou voûtée, ou tumulus gigantesques recouvrant dolmens, coffres et autres constructions funéraires ou votives.

C'est incontestablement le territoire occupé aujourd'hui par le Morbihan qui a été la terre élue ;

les plus extravagants monuments s'y rencontrent, trahissant un peuple croyant, puissant, hiérarchisé, capable de mobiliser, dans le pays et en dehors, des milliers de fidèles pour dresser cette floraison sans équivalent de monuments mégalithiques ; le fameux tumulus dit Saint-Michel à Carnac, par exemple, dont la fondation accuse les huit millénaires, a 125 mètres de long, 50 de large et 10 de haut et il recouvre plusieurs dolmens et une bonne quinzaine de coffres remplis d'objets en pierre de grande valeur ; mais ceux du Moustoir à Carnac, du Petit Mont ou de Tumiac en Arzon n'en annoncent pas moins respectivement 90, 60 et 50 mètres de long, 40, 46 et 39 mètres de large, 8, 7 et 15 mètres de haut ; quant aux incroyables alignements dits de Carnac, qui s'allongent en fait sur 5 kilomètres d'ouest en est sur les communes d'Erdeven, de Carnac et de La Trinité-sur-Mer, ils sont quatre comme les saisons, constitués, chacun, d'au moins un cercle de pierre, ou *cromlec'h*, à l'ouest et puis d'une douzaine environ de lignes d'un à deux milliers de menhirs sur un peu plus de 1 kilomètre de long et un peu plus de 100 mètres de large chaque fois, l'ensemble constituant un seul et même temple, gigantesque calendrier dédié au culte de divinités veillant sur le succès des grandes phases du cycle de l'année agricole.

Il est, par suite, facile de comprendre mon enthousiasme lorsque j'ai reçu la première lettre, déjà illustrée, de Gaby Le Cam me faisant part de son immense travail de repérage descriptif et photographique de 330 sites mégalithiques du Morbihan et, à plus forte raison, son deuxième courrier accompagné d'un superbe document qui en montrait 9. Ce bilan intelligent et talentueux n'a pas de prix dans la qualité de l'état des lieux qu'il livre aux archéologues à la fin de ce millénaire – car hélas, au-delà des conservations que l'administration des monuments historiques s'efforce d'assurer, beaucoup trop de démolitions discrètes pour de bonnes raisons d'exploitation des surfaces (sols) ou des terres (sous-sol immédiat) s'opèrent chaque jour ou presque. Ce bilan participe aussi à l'hymne à la gloire de cette très grande culture très méconnue dans son antiquité – bien des millénaires avant les Pyramides –, dans son raffinement – ses objets sont, par exemple, d'une facture particulièrement élaborée et ses gros cailloux, couverts de gravures aux compositions surprenantes – et, dans sa force aussi – les 460 images de Gaby Le Cam parlent d'elles-mêmes par le nombre et la densité des monuments qu'elles reflètent.

Enfin, il faut dire, mais cette troisième facette est peut-être très personnelle, que, de cet ensemble écrit et figuré, émanent une bouffée de parfum de landes et de bruyères et une vigueur de couleurs des granites et des schistes, qu'il est impossible de décrire mais que l'on peut ressentir, en parcourant ce livre, catalogue, album, œuvre d'archéologue et de poète à la fois.

Merci, cher Gaby Le Cam, d'avoir eu l'idée d'entreprendre cet inventaire difficile, d'avoir eu le courage de le mener à bien, d'en avoir fait un joli volume précieux dans sa recherche d'exhaustivité et de rigueur et dans l'élégance de son esprit, merci de m'avoir demandé de l'ouvrir.

La poterie

C'est avec un réel enthousiasme que j'ai accepté d'écrire ces quelques lignes pour l'exposition « Céramique » de la Maison de l'outil de Troyes [...] parce que la céramique m'a toujours fasciné. Je ne suis ni céramiste ni expert en céramique, mais seulement un peu archéologue, ce qui a fait que ma route s'est souvent trouvée confrontée – et jamais avec indifférence – avec le fossile directeur de tout site d'un de ces cent derniers siècles : le tesson. Et c'est la raison pour laquelle mon enseignement 2001-2002 au Collège de France, se proposant de faire un peu le bilan de mes quelque cinquante années de prospections et de fouilles, s'est appelé de manière un peu légère « Pot et os » !

Lorsque le tesson paraît, c'est un grand bonheur. D'abord parce qu'un tesson, c'est toujours beau, mais aussi parce que c'est un signe de vie humaine en même temps qu'un message de ceux qui l'ont façonné ; le tesson est toujours porteur d'une immense quantité d'informations que l'œil et les divers appareils optiques en en prolongeant les performances vont permettre de lire et d'interpréter et j'insiste sur le mélange d'émotion tout court, d'émotion esthétique et d'émotion scientifique, qui préside à sa découverte, même lorsqu'il ne s'agit que d'un tout petit morceau de pot cassé.

Je me souviens de mon excitation lorsque, adolescent, je me suis trouvé pour la première fois devant une multitude de tout petits tessons rouges, minces et on ne peut guère plus simples, criblant littéralement la tranche d'une falaise d'une de ces côtes basses du golfe du Morbihan ; c'était tout de même les contenants de sel marin, vieux de deux bons millénaires, origine à la fois de la production de masse et de l'emballage perdu. Je me souviens encore de mon acharnement à recueillir, sur chacun des sites traversés par mon vieux camion américain qui consommait 100 litres aux 100 kilomètres, un prélèvement systématique de tessons lorsque, à peine plus âgé, je parcourais les déserts des confins du Tchad, du Niger, de la Libye et du Soudan. Les sites archéologiques s'y remarquaient fort heureusement au fait étrange que le puissant mais lourd Dodge Power Wagon à chaque fois s'y ensablait ! Et cette récolte dans des centaines d'habitats a tout de même permis de raconter pour la première fois 3 000 ans de peuplements et de cultures, certaines brillantes, et l'histoire de l'assèchement progressif et inexorable de leur pays d'adoption, le Sahara.

Cette fascination pour les vieux pots ne s'est pas affaiblie lorsque je me suis trouvé en face de ceux d'aujourd'hui ; pots d'artistes ou pots d'artisans, pots ou pas pots d'ailleurs, créations uniques ou séries, chaque objet a la noblesse et l'élégance de la matière que l'homme a transformée. Depuis qu'il sait qu'il sait, depuis qu'il a le privilège de penser – et il est le seul dans tout le monde vivant à l'avoir – depuis 3 millions d'années donc, l'homme a eu en effet l'arrogance de changer, de sa seule autorité, la forme des objets qu'il souhaitait aménager à son profit, utilitaire ou esthétique. Pendant des centaines de milliers d'années, c'est la pierre qu'il a ainsi merveilleusement traitée et de mieux en mieux maîtrisée ; la mécanique de la percussion était alors à peu près la seule pratiquée. Et puis la magie du feu a été capturée et l'homme a peu à peu appris à en user – il changea ainsi les qualités des roches, de l'ivoire, du bois, les couleurs et leurs mélanges ; il inventa bientôt le four, découvrit la métamorphose de l'argile quand on la cuit et s'en servit dès 25 000 années pour modeler des statuettes, dès 12 000 années pour façonner les premiers petits pots pour s'amuser et 10 000 ans pour fabriquer ces merveilleux contenants désormais omniprésents, ici et ailleurs, hier et aujourd'hui.

Je sais rationnellement pourquoi j'aime la poterie ; c'est un bon fossile, suffisamment diversifié et évoluant suffisamment vite pour qu'elle soit caractéristique d'un lieu, d'un temps et d'une culture. Mais je ne sais pas bien pourquoi je l'aime affectivement, sans doute à cause du toucher de bien des pâtes, des engobes, des polis, des vernis particulièrement agréables, sans doute parce que celui des formes, des galbes, des cols, des panses l'est aussi, peut-être parce que les couleurs, les transparences, les décors, les formes encore sont une fête constante des yeux, sûrement parce que l'art du potier, du choix de la terre à son modelage, du raffinement de sa finition au contrôle de sa cuisson, en fait chaque fois des objets personnalisés et expressifs.

Je salue cette exposition, ses organisateurs, ses exposants ; quelle belle idée dans une maison de la pensée ouvrière d'offrir au regard et à l'esprit le travail que l'homme et le four ont ensemble réalisé. Quelle belle idée de rendre de cette façon hommage à tous les artistes qui, grâce à leur maîtrise de la terre, de la forme et du feu, nous permettent de vivre mieux en compagnie de leurs créations ; quelle belle idée dans une maison de l'outil de montrer combien le premier d'entre eux, la main, tellement essentiel dans l'art du potier, a été fondamental dans l'invention des autres. Tout cela réuni représente le plus bel hommage qui soit à l'homme et à son génie.

Les petits pots de sel

Il y a presque un demi-siècle – j'ose à peine le dire – un vieux monsieur de la Société polymathique du Morbihan, Joseph Bouix, emmenait le petit garçon que j'étais, au bord du golfe, dans une presqu'île que l'on appelait Senage ou Le Péchit, près de Sarzeau, voir un de ces sites archéologiques connus sous le nom de fours à augets et qualifiés de gallo-romains.

La mer venait de faire s'effondrer un pan de falaise de quelques dizaines de centimètres de hauteur, dégageant en coupe une sorte d'empilement de tout petits pots rouges et fins ! Passionné de passé depuis mon plus jeune âge, probablement parce que sa reconstitution nécessite beaucoup d'imagination et que l'enfance en est riche, ce vrai premier contact avec le terrain, mais aussi, secrètement, avec les hommes d'avant me fascinait.

Fort de l'information que cette visite m'avait apportée, je n'eus de cesse alors de rechercher d'autres sites dans les mêmes conditions de gisement. Et c'est ainsi que pendant des années de prospection, tout au long de kilomètres de côtes, j'eus le bonheur – c'est le mot – de découvrir des dizaines de ces ateliers de bouilleurs de sel, publiés dans une douzaine de notes des comptes rendus de la Société polymathique du Morbihan (les CRSM) et dans deux articles de

« synthèse » des *Notices d'archéologie armoricaine* des Annales de Bretagne ; j'eus en même temps la chance d'en rectifier l'âge (la tène III) – ce qui me valut à l'époque quelques remontrances de mes aînés –, grâce à la typologie et aux décors de certains tessons d'un autre type de céramique associé aux « augets » et grâce aux datations carbone 14 réalisées dans le laboratoire nancéien de mon père. Le lecteur comprendra donc sans peine mon émotion – et ma gratitude – lorsque, préparant cet ouvrage, Marie-Yvane Daire me téléphona il y a quelques semaines, pour me demander, au nom de ce modeste épisode de mon aventure de chercheur, d'écrire la préface de ses travaux et de ceux de ses collègues.

C'est évidemment avec enthousiasme que j'acceptai cette tâche qui m'honore et me touche, et que je découvris les progrès immenses réalisés grâce aux fouilles récentes des auteurs de ce livre et grâce aux interprétations technologiques, sociales, économiques, tout à fait séduisantes auxquelles ces résultats les avaient conduits : des artisans gaulois avaient établi le long des côtes bretonnes, quelques siècles avant notre ère, leurs ateliers d'extraction du sel marin ; à l'intérieur des bâtiments de structure très légère, ils avaient été ainsi amenés à creuser des fosses pour y stocker eau de mer et argile et à construire des fours pour fabriquer briquetages et moules ; puis, dans ces moules remplis de saumure et sur ces briquetages chauffés, ils avaient réalisé des pains de sel, produit final de cette industrie. Mais au travers de cette chaîne opératoire désormais bien comprise, apparaissent, grâce aux signataires de ce rapport collectif, des quantités de facettes de cette société du deuxième âge du fer, l'émiettement de son artisanat (140 sites répertoriés), la diversité de ses cultures (les formes des moules ne sont pas les mêmes partout), l'explosion pré-urbaine de sa démographie et de son économie qui en font une sorte de société de consommation, en tout cas de plus grande consommation de sel et de salaisons.

Je félicite vivement les auteurs. J'ai appris beaucoup à les lire. Je les remercie très chaleureusement de leur invitation ; ils m'ont permis de retrouver les parfums de mes recherches enfantines. Et j'invite avec un immense plaisir les lecteurs à suivre attentivement au fil des récits illustrés des fouilles et de leurs explications, l'élégance de la démarche des archéologues qui, partant de tout petits bouts d'augets cassés, remonteront, sous leurs yeux, à l'atelier, au four, à la technique, à l'artisan et même à sa comptabilité !

Au-delà de l'écriture

Il était une fois, il y a plus de 3 millions d'années, quelque part dans le grand jardin brûlant de l'Afrique, un petit être debout, étrange et malin, que tracassait la forme des pierres au point qu'il lui prit un jour l'idée folle d'en casser une pour changer le contour du monde ; et on trouva, dans son entourage, l'idée suffisamment ingénieuse pour la retenir et casser désormais tous les cailloux de la terre.

Il était une fois, il y a plus de 100 000 ans, quelque part dans les grandes prairies glacées de l'Europe, un de ses descendants tout aussi étrange et encore plus malin, qu'intriguaient toujours la forme des choses, mais aussi leurs matières, leurs couleurs, leurs densités, au point qu'il eut l'audace un jour d'en recueillir quelques-unes et de les rapporter chez lui pour le seul plaisir de sa curiosité ; et on trouva, dans son entourage, l'idée suffisamment cocasse pour la faire connaître et désormais tout ramasser et couvrir la planète de collections, de galeries, de musées.

Il était une fois, il y a plus de 50 000 ans, quelque part dans les sombres grottes humides de la grande île de l'Australie, un autre descendant, extravagant, extraverti, que démangeait l'envie de s'exprimer au point que, se saisissant un jour d'un silex bien taillé, il eut l'impudence de s'en servir pour dessiner sur les murs ses états d'âme et ses passions ; et on trouva, dans son entourage, l'idée suffisamment provocante pour la copier et désormais tout écrire et écrire partout, sur tous les murs de l'univers tout entier.

Il était une fois, il y a plus de 3 000 ans, quelque part dans les collines du milieu de la terre et puis autour des volcans des îles du levant de son milieu, d'autres descendants, toujours aussi bizarres et encore plus réfléchis, qu'habitaient d'immenses désirs de création de beauté et de puissants besoins de la communiquer, au point qu'ils eurent l'outrecuidance de concentrer ce désir et toute leur force dans le tracé de pictogrammes et d'idéogrammes ; on trouva, dans leur entourage, l'idée si noble que la calligraphie devint vite le mode d'expression le plus élaboré qui ait jamais existé depuis que 100 milliards d'hommes tout au long de 3 millions d'années cherchent à transcrire et à transmettre la complexité de leur pensée et la réalité de leur angoisse.

Comment pouvait autrement s'en tirer que par une belle histoire peut-être pas très éloignée d'une certaine vérité un malheureux paléontologue, confondu devant l'infini contenu de ces écritures, contraint qu'il était de les décrire avec des mots pitoyables que la calligraphie a précisément pour souci de dépasser ? La calligraphie est donc un texte et sa délicate transcendance marque d'une époque, d'une personnalité, d'une sensibilité, d'une humeur ; elle est objet, beauté, œuvre, chef-d'œuvre, bientôt échappé à son auteur. La préface, et je m'en excuse, aurait dû bien sûr se contenter, dans le silence, d'appeler à sa contemplation.

Sources

« Préface » *in* Emmanuel Anati, *Les Racines de la culture*, Studi camuni, vol. 15, Edizioni del Centro camuno di studi preistorici, p. 7-8, 1995.

« Préface » *in* Jean-Marie Cordy (dir.), *Le Génie de l'homme. Des origines à l'écriture*, Abbaye Saint-Gérard-de-Brogne, p. 17-18, 1995.

« Postface » *in* Jean-Gabriel Gauthier, *Des cadavres et des hommes ou l'Art d'accommoder les restes*, avec une préface de Denise de Sonneville-Bordes, Musée d'ethnographie de Genève, Annexe de Canches, « Nouveaux itinéraires Amoudruz » n° 7, p. 196-197, 2000. Site Internet : www.ville-ge.ch/meg.

« Préface » *in* Jean-Lucien Couchard, Anne Dambricourt-Malassé, Pierre-Yves Demars, Marie-Françoise Diot, Jean-Luc Guadelli (dir.), *L'Homme de La Chapelle-aux-Saints*, Association Culture et Patrimoine en Limousin, p. 9-11, 1998.

« Préface » *in* Emmanuel Anati, *Les Origines de l'art et la Formation de l'esprit humain*, Paris, Albin Michel, p. 5-6, 1989.

« Préface » *in* Emmanuel Anati, *Aux origines de l'art. 50 000 ans d'art préhistorique et tribal*, Paris, Fayard, p. 7-8, 2003.

« Préface » *in* Emmanuel Anati, *L'Art rupestre dans le monde. L'imaginaire de la préhistoire*, Paris, Larousse-Bordas, p. 6-7, 1997.

« Préface » *in* Emmanuel Anati (dir.), *40 000 ans d'art contemporain. Aux origines de l'Europe*, Edizioni del Centro camuno di studi preistorici, p. 7-8, 2003.

« Préface » *in* André Leroi-Gourhan, Brigitte et Gilles Delluc, *Préhistoire de l'art occidental*, nouvelle éd. revue et augmentée, Paris, Citadelles et Mazenod, p. 5-11, 1995.

« Préface » *in* Jean-Pierre Duhard, *Réalisme de l'image masculine paléolithique*, coll. « L'Homme des origines », Grenoble, Jérôme Millon, p. 5-6, 1996.

« Préface » *in* Henri Delporte (dir.), « La Dame de Brassempouy », actes du colloque de Brassempouy, juillet 1994, *Études et recherches archéologiques de l'Université de Liège* (ERAUL), 74, p. 15-16, 1995.

« Préface » *in* Thierry Félix et Philippe Bigotto, *Le Secret des bois de Lascaux*, Éditions Impact Périgord Quercy, 2 p., 1990.
« Préface » *in* Emilia Masson, « Vallée des merveilles, un berceau de la pensée religieuse européenne », *Les Dossiers d'archéologie*, n° 181, p. 2, avril-mai 1993.
« Préface » *in* Michel-Alain Garcia et Madiha Rachad, *L'Art des origines au Yémen*, Le Seuil, p. 7, 1997.
« Préface » *in* Richard Oslisly et Bernard Peyrot, *Les Gravures rupestres de la vallée de l'Ogooué, Gabon*, Sépia, p. 5-6, 1993.
« Préface » *in* Gabriel Le Cam, *Le Guide des mégalithes du Morbihan*, Coop. Breizh, p. 5-6, 1999.
« Préface » *in Céramiques contemporaines*, Maison de l'outil et de la pensée ouvrière, catalogue de l'exposition, 2 p., 2003.
« Préface » *in* Marie-Yvane Daire (dir.), *Le Sel gaulois : bouilleurs de sel et ateliers de briquetage armoricains à l'âge du fer*, Saint-Malo, Centre régional d'archéologie d'Alet éditions, p. 1-2, 1994.
« Préface » *in Les Maîtres de l'encre. 170 calligraphes japonais à Paris*, catalogue d'exposition, mai-juillet 1998, Espace des arts Mitsukoshi-Étoile, Mainichi Shimbun éditions, p. 1, 1998.

5.

L'HOMME PRÉHISTORIQUE, SES PEUPLEMENTS

Ce dernier chapitre va s'amuser à suivre l'homme à travers sa découverte de la Terre, ses itinéraires et le calendrier de ses premières installations et de ses éventuels flux ou reflux successifs.

De son berceau africain et tropical, c'est donc une des premières espèces du genre *Homo* qui s'est déployée ; il semble en effet que désormais on reconnaisse deux premiers hommes, *Homo habilis* et *Homo rudolfensis*, ce qui est embarrassant, et il semble aussi que ce ne soit que l'un d'entre eux qui se soit déployé et qui soit à l'origine des suivants, ces suivants *Homo erectus* (ou *ergaster* et *erectus*) étant suffisamment homogènes pour ne pas avoir deux ascendants.

Et c'est sans doute cet homme-là que l'on rencontre, très peu de temps après son émergence (géologiquement parlant, soit quelques centaines de milliers d'années) dans le reste de l'Afrique (c'est-à-dire dans toute l'Afrique) et dans toute l'Eurasie, qu'il a atteinte probablement par le Sinaï et le Proche-Orient, éventuellement par le Bab-el-Mandeb ou peut-être même par Gibraltar.

C'est, il faut le dire, une expansion fulgurante, trahissant les pressions environnementales et la recherche consécutive de nourriture, mais aussi les qualités intrinsèques du genre *Homo* : meilleure mobilité (parce qu'il est chasseur et parce qu'il est aussi équipé d'un appareil locomoteur de bipède exclusif beaucoup plus efficace que ceux de ses ancêtres, bipèdes et grimpeurs), meilleure réflexion, meilleur équipement, plus grand effectif et tendance, en tant qu'omnivore, c'est-à-dire carnivore, à s'installer sur un territoire beaucoup plus vaste que n'importe quel herbivore ou végétarien.

En tout cas, si l'homme préhistorique n'est là en personne, il a fait comme un Petit Poucet de la préhistoire, il a semé ses pierres taillées partout pour que le préhistorien le piste. Des outils des alentours de 2 millions d'années (un petit peu plus ou un petit peu moins) se rencontrent en Afrique du Sud et de l'Est bien sûr (avec leurs auteurs), mais aussi en Afrique du Nord, au Proche-Orient et dans le Caucase, en Europe sans doute, en Asie continentale (Chine, Pakistan, Inde) et insulaire (Java) sûrement. Les grandes routes Sud-Nord sont donc bien dessinées, celles du Proche-Orient vers l'ouest, par les bords de la Méditerranée, et vers l'est, par le sud de l'Himalaya le sont également.

Reste, pour cet Ancien Monde, le problème de la très grande dimension de l'espace et de la très petite dimension de l'effectif humain, qui entraîne un éparpillement (relatif) des hommes fossiles en petites populations qui, à terme, marqueront leurs différences (accédant aux niveaux zoologiques de la sous-espèce et puis de l'espèce...), et le problème contradictoire de la très grande homogénéité d'*Homo sapiens* au bout de l'aventure géographique et évolutive.

Reste aussi le problème des premiers mouvements de populations vers le nord de l'Eurasie, voire des mouvements successifs et alternatifs vers le nord et vers le sud en fonction de l'enchaînement des climats froids et tempérés tout le long de ces 2 derniers millions d'années. C'est ainsi que l'on trouve les premiers Européens en Espagne, dans le sud de la France, en Italie... aux alentours de 1,5 million à 2 millions d'années, alors que les plus anciens outils préhistoriques de Grande-Bretagne et des grandes provinces françaises ont de la peine à atteindre 700 000 à 800 000 ans. Encore plus au nord de la presqu'île européenne, les dates sont encore plus modestes (aux environs de 100 000 ans pour un site néandertalien de Finlande). De meilleures connaissances des fluctuations de l'environnement et de meilleures datations nous aideront, bien sûr, à mieux tracer les allers et retours en yo-yo des « migrations » d'*Homo neandertalensis* en Europe et en Asie occidentale et d'*Homo sapiens*, en Asie d'abord et en Europe enfin.

La datation du peuplement humain de l'immense Amérique demeure, quant à elle, « récalcitrante ». Quant à ses itinéraires, même si plusieurs voies de pénétration sont possibles, il semble bien que la route du Béring ait été la plus fréquentée et que l'Amérique ait donc été abordée par sa côte ouest d'abord. Il faut, là aussi, prendre en compte les fluctuations climatiques et les ouvertures qu'elles ont successivement autorisées. Toujours est-il qu'il a fallu une glaciation (ou plusieurs) pour faciliter l'arrivée de l'homme préhistorique par le Béring et un interglaciaire ou plusieurs pour lui permettre par la vallée du Mackenzie d'accéder au reste de l'Amérique du Nord, à l'Amérique centrale et à l'Amérique du Sud. Il a fallu également un interglaciaire – celui-là, on l'a fixé : c'est le dernier – pour ouvrir aux chasseurs de bisons, de bœufs musqués et de rennes (caribous) des grandes steppes et toundras du Grand Nord canadien la route du Groenland qu'ils ont atteint il y a 5 000 ans, en s'adaptant à ces nouvelles « terres », un peu marines, un peu glacées, en se faisant chasseurs des grands mammifères marins.

Et puis, un beau jour d'il y a un tout petit peu plus de 1 000 ans, les conquérants du sud du Groenland, devenus Thuléens, et ceux du nord de l'Europe, devenus Vikings – les Thuléens descendant de ceux qui, au Proche-Orient il y a 2 millions d'années, avaient « décidé » de partir vers l'est, les Vikings descendant de ceux qui avaient « choisi » de tenter l'aventure vers l'ouest –, se sont rencontrés sur les côtes méridionales de cette grande « île verte » en bouclant le tour de la Terre, commencé il y a plus de 2,5 millions d'années en Afrique tropicale.

Il restait bien sûr quelques terres, par-ci par-là, à découvrir et « coloniser » ; quelques territoires du nord de la Sibérie peut-être, quelques îles du Pacifique sans doute ; mais toute la Terre était donc désormais aux « mains » de ce petit primate né d'un changement climatique au cœur des tropiques quelque temps auparavant. Il est maintenant parti pour d'autres routes, d'autres planètes, d'autres implantations qu'il atteindra, n'en doutons pas ; le génie de l'humanité n'est plus à démontrer.

* *
*

Le Maroc

Le Maroc, somptueuse épaule de l'Afrique, qui ne cesse de séduire aujourd'hui par l'élégance et la générosité de sa culture et de sa population, va nous étonner par la richesse et l'originalité de son passé tout au long du million d'années qui l'illustre actuellement. C'est bien sûr l'objet [...] de cette exposition et de son catalogue.

Il y a 3 millions d'années, l'homme naissait sur ce même continent, mais là-bas, au bord d'un autre océan, dans la province que l'on appelle maladroitement la corne de l'Afrique, alors qu'il s'agit bien sûr de sa hanche. Et, très vite, ce premier homme, parce qu'il était plus curieux que ses prédécesseurs, plus mobile et mieux équipé aussi, va étendre son territoire, se déployer à travers son continent-berceau et en rejoindre les limites ; il arrivera sur les rives privilégiées qui voient les eaux toutes bleues de la Méditerranée tacher celles, toutes vertes, de l'Atlantique – à moins que ce ne soit l'inverse – quelques centaines de milliers d'années plus tard ; mais, pour le moment, de ce premier peuplement, on n'a pas au Maroc reconnu les traces ; il paraît pourtant probable qu'*Homo habilis* ou *rudolfensis* ou *ergaster* qu'un Sahara discontinu ne pouvait gêner soit parvenu au coin nord-ouest de son premier champ de manœuvres bien avant le dernier million d'années.

À partir du million d'années par contre, le Maroc ne tarit plus ; il offre restes humains, outillages, faune charognée et chassée, et il se permet, à lui tout seul, de montrer la continuité des « fausses espèces » humaines là où elles se trouvent. L'homme est certes *out of Africa* il y a 2 millions, voire 2,5 millions d'années, mais il l'est une fois pour toutes ; l'homme moderne est en effet bel et bien *out of nowhere*[1] ; il est

1. Beaucoup d'auteurs voient l'homme moderne sortir, lui-même, une nouvelle fois d'Afrique : c'est l'*out of Africa* 2.

moderne partout en même temps, en Afrique et en Asie, là où sont arrivés ses prédécesseurs immédiats ; il n'y a qu'en Europe, néandertalienne, en Indonésie, pithécanthropienne, en Amérique et en Australie inhabitées, que l'homme moderne se trouve être, avec une logique géographique imparable, *out of Asia*.

Les théories de fossiles humains – Sidi Abderrahmane, Salé, Djebel Irhoud –, d'outillages lithiques – tous les acheuléens, un moustérien et puis ce très original atérien avant les épipaléolithiques et les néolithiques multiples – se succèdent, dans un enchaînement chronologique, paléoanthropologique et culturel exceptionnellement continu et documenté ; il s'agit incontestablement d'une sorte de modèle de référence pour la démonstration de l'évolution anatomique progressive du genre *Homo* que nous venons d'évoquer ; c'est aussi un modèle pour deux autres démonstrations, celle de la forte « impression » d'une région du monde sur cette anatomie – fréquence plus grande de certains caractères ou de certaines associations de caractères –, et celle de l'évolution tout à fait progressive et cumulative des outillages, des techniques pour les obtenir et de leur efficacité dans les diverses fonctions, elles-mêmes de plus en plus nombreuses et diversifiées, auxquelles ces outillages étaient destinés.

Saluons cette initiative d'exposition et, par la même occasion, le soin apporté à la conception de son catalogue – pointure, discours, articles, auteurs, iconographie ; saluons donc Jean-Paul et Marianne Raynal [...] et les autorités scientifiques marocaines Abdeljalil El Hajraoui et Fatima-Zohra Sbihi-Alaoui [...].

Le Tchad

L'histoire du climat et des hommes durant les 25 derniers millénaires au Tchad, mais aussi dans l'ensemble de l'Afrique et parfois dans le reste du monde, nous est merveilleusement contée par Jean-Louis Schneider à partir d'informations géologiques, hydrogéologiques, archéologiques et radiométriques, obtenues là et ailleurs et réunies par ses soins pour la première fois. Il en résulte une étonnante fresque décrivant, par le menu, l'inexorable alternance des périodes humides et des phases qui le sont moins, des transgressions des lacs et de leurs retraits, des ascensions des cultures et de leurs déclins, alternance dans laquelle s'inscrit d'ailleurs, dramatique et dérisoire, la terrible sécheresse du Sahel des années 1960.

Je suis bien sûr tout à fait heureux d'introduire cette nouvelle synthèse de l'ami Schneider, mais je le suis cette fois d'autant plus qu'une belle aventure scientifique concernant précisément l'histoire de ces derniers millénaires nous lie. Cela se passait à Fort-

Lamy[1] en décembre 1966, quelques jours avant la réunion dans cette ville d'un congrès d'archéologues. Souhaitant présenter à ces archéologues un sujet d'archéologie, bien que je fus au Tchad pour en étudier la paléontologie, je décidai d'examiner brièvement les échantillons de céramique que j'avais collectés, sept années durant, dans des centaines de sites du Kanem, du Borkou et des piémonts du Tibesti au fil de milliers de kilomètres de prospection. Ma première constatation fut de voir ces échantillons s'organiser sans peine de manière comparée en sept ensembles distincts. Puis, comme certains d'entre eux avaient été recueillis en stratigraphie, ces sept ensembles se rangèrent facilement dans l'ordre de leur succession. Enfin l'établissement des cartes de leur répartition les installa dans l'espace. Mais c'est alors que se posa à moi un problème : sur le carré de 300 kilomètres de côté prospecté, les 7 ensembles culturels successifs n'avaient en effet l'air d'avoir occupé le terrain que petit à petit et d'est en ouest. Les cultures les plus anciennes étaient les plus orientales et, peu à peu, dans le sens du temps, elles progressaient vers l'Occident. Comme ces 7 ensembles illustraient par ailleurs plusieurs millénaires, il était difficile d'interpréter cela comme une conquête de si peu d'espace en autant de temps. Il me vint alors l'idée de superposer à ces

1. Désormais N'Djamena.

répartitions les courbes topographiques de niveau et tout devint limpide ; les 7 ensembles descendaient de plus de 320 mètres à moins de 250 mètres comme s'étaient abaissées les eaux du lac ; les cartes archéologiques en dessinaient les rives ; « l'homme a suivi l'eau », disait un proverbe local. Et l'impression de mouvement d'est en ouest n'était due qu'à la petite taille – relative – de la zone détaillée.

Fier de mes 7 petites cartes, je me précipitai dans ces grands bureaux de plain-pied du BRGM où les empilements d'échantillons et les déploiements de coupes sentaient bon les retours de brousse. Et là, fort de mes modestes sections de quelques centaines de kilomètres, en moins de temps qu'il n'en faut pour l'écrire, Jean-Louis Schneider traça, sous mes yeux admiratifs, les limites de tous les lacs Tchad successifs au cours des derniers millénaires, histoire de la transformation – évidemment complexe – d'une superbe étendue de plus de 300 000 km^2 d'eau libre en une surface de moins de 20 000 km^2 de papyrus et d'eau mêlés. Nos communications, complémentaires, furent présentées audit congrès et publiées dans ses actes ainsi d'ailleurs qu'à Dakar dans les bulletins de l'Association sénégalaise pour l'étude du quaternaire de l'Ouest africain.

Cet exemple, vieux déjà d'un quart de siècle, en dit assez sur l'extraordinaire esprit de synthèse de l'auteur de cet essai exemplaire ; si on y ajoute la véritable passion que nourrit Jean-Louis Schneider pour cette immense région, on ne sera pas étonné d'apprendre que ce livre en forme de conte est d'une qualité et d'une densité exceptionnelles. Il pourrait commencer ainsi : « Il était une fois quelque part sous les tropiques un pays fabuleux dont l'histoire – naturelle et culturelle – est si riche qu'elle permit à un géologue qui en était amoureux de deviner celle de toute la Terre. »

Le peuplement de l'Europe

C'est à la mémoire de Pierre-Roland Giot et de deux de ses élèves, Jean L'Helgouach et Jacques Briard, mes anciens compagnons de fac et de fouilles, tous trois directeurs de recherche au CNRS et tous trois disparus il y a peu de temps, que je dédie ces quelques lignes ; je remercie Jean-Laurent Monnier de me les avoir offertes.

Cet ouvrage réunit, comme son nom l'indique, les communications d'un [...] colloque sur les premiers peuplements humains de l'Europe (paléolithique inférieur et moyen) et leurs outillages [...].

Comme les très nombreux chercheurs conviés [...] y ont traité de la préhistoire de toute la France mais aussi de celle de la péninsule Ibérique, de l'Italie, de la Bulgarie, de l'Ukraine, du Caucase, du Tadjikistan, de la Hongrie, de la République tchèque, de l'Allemagne, de la Pologne, de l'Europe du Nord et de la Grande-Bretagne, on peut dire que cet ouvrage est, en 2004, le bilan des recherches préhistoriques en cours sur l'ensemble du continent européen jusqu'à ses marges orientales, recherches tout particulièrement orientées vers la datation et l'interprétation ethnologique des sites, l'éthologie et l'économie de leurs habitants, la compréhension technologique et fonctionnelle de leurs industries.

La préhistoire est une science historique ; la datation de ses événements est essentielle à sa compréhension ; or la tendance pluridisciplinaire de ses programmes de recherche lui a précisément permis de faire des progrès considérables dans l'établissement de ses calendriers. Aux datations RPE, ESR, TL, U/Th, C14, tentées chaque fois qu'elles sont possibles, sont venues s'ajouter de très précieuses analyses géologiques, géomorphologiques, sédimentologiques, paléopédologiques d'intérêt chronologique local et bien sûr des bio-, archéo- et magnétochronostratigraphies de valeurs plus générales. Notons par exemple de nouvelles lectures de tout le système classique des lœss et des terrasses de la Somme, des niveaux marins et alluviaux de la Normandie, des sites fameux, souvent éponymes, du Périgord.

Les sites eux-mêmes, mieux décrits, ont bénéficié d'interprétations plus précises ; représentent-ils de simples bivouacs, des campements spécialisés ou de base, des installations de chasseurs pour le dépeçage du gibier ou d'artisans pour le débitage d'une matière première, des habitats saisonniers ou des habitats de longue durée ? La succession des identifications des niveaux archéologiques du remplissage de la Caune de l'Arago – dont le fond vient d'être atteint – est à cet égard exemplaire.

Les reconstitutions des chaînes opératoires des débitages lithiques occupent évidemment de longues pages, apportant des informations technologiques de valeur, elles aussi, chronologique (utilisation du percuteur tendre, du débitage Levallois, etc.), de valeur fonctionnelle (lorsqu'elles se trouvent jointes à des analyses tracéologiques), et bien sûr de valeur propre illustrant la complexité de l'esprit et du comportement des hommes dès leur origine. La coexistence de plusieurs concepts de débitage ou la « ramification » de certains d'entre eux à partir d'un premier épisode commun, a par exemple fait l'objet de démonstrations convaincantes.

Les études des restes osseux des gibiers consommés, des coquillages récoltés, des matières premières et de leurs origines, ont posé les passionnantes questions des stratégies d'approvisionnement, proximité ou non des affleurements de roches exploitées, techniques de chasse employées, recherches régionales ou saisonnières de certains gibiers, de certains végétaux, en un mot les problèmes économiques d'exploitation de l'environnement des divers groupes humains aux différentes époques et dans les différents milieux dans lesquels ils ont vécu.

L'ensemble de cette documentation permet, au fil du discours, quantité d'observations sur l'environnement, le climat, la démographie et l'évolution de ces trois paramètres évidemment liés. Des discontinuités importantes dans les peuplements de certaines régions apparaissent ainsi ; citons la Somme, la Normandie, le bassin de la Loire ou la Grande-Bretagne. Elles ont chaque fois valeur climatique et environnementale.

Je retiens encore la grande ancienneté du premier peuplement de la plupart des régions, en tenant évidemment compte de leur situation latitudinale. On dépasse le million d'années en Espagne, en Italie, on les atteint en Bulgarie, dans la Loire ; on plafonne vers 600 000 ans en Bretagne, dans la Somme, date d'un renouvellement technologique ailleurs (premiers bifaces) ; des traces de comportements symboliques semblent apparaître très tôt, le feu pourrait être maîtrisé dès 500 000 à 600 000 ans (Bretagne, Tchéquie), la technique Levallois de taille dès 300 000 à 400 000 ans. Quant au châtelperronien de Neandertal, il apparaît décidément de plus en plus proche de l'aurignacien de Cro-Magnon !

Cet ouvrage est ainsi un superbe exemple du développement de la précision des fouilles et de la réflexion qu'elles permettent. Se faisant chaque jour plus rigoureuse dans ses propositions et plus ouverte aux éclairages des disciplines auxquelles elle s'allie, la préhistoire est en train de s'imposer comme une science qui a su conjuguer ses approches géologiques, biologiques et humaines [...] en un seul et même discours à l'interface de ces trois domaines conventionnellement séparés...

L'Espagne

Il y a 3 millions d'années, la terre se rafraîchit. Les hominidés, apparus 4 à 5 millions d'années plus tôt dans la province est-africaine, sont alors établis dans tout le quadrant sud-est du continent. C'est sous la forme d'un très fort assèchement que le rafraîchissement du globe va se manifester dans cette région, réduisant le couvert végétal et, par suite, la protection et l'alimentation des animaux qui l'habitent. La famille des hominidés réagira de manière spectaculaire à la crise en inventant deux adaptations au nouveau milieu : une espèce à puissante constitution et régime très spécialisé, une espèce à gros encéphale et régime très généralisé : la première est l'australopithèque robuste ; la seconde, l'homme. Or cette dernière évolution va avoir des conséquences inattendues : un gros encéphale va permettre en effet, à la conscience, à la réflexion, à la curiosité d'émerger ; son alimentation généralisée, indifféremment carnivore ou végétarienne, va entraîner recherche de gibier et de végétation dispersée et plus grande mobilité. Mobilité et curiosité, jointes à une adaptation réussie et donc à une démographie doucement croissante, vont constituer des moteurs suffisants pour pousser l'homme à se déployer sur des espaces de plus en plus importants, de plus en plus variés. Le rôle grandissant de la culture va en outre lui permettre dans le même temps d'élargir sa niche écologique et bientôt de s'en libérer. En d'autres termes, dès que l'hominidé se fit homme, il se mit par la force des choses à agrandir son territoire ; il n'a d'ailleurs jamais cessé de le faire depuis.

Or le docteur Josep Gibert et l'équipe qu'il anime ont découvert, dans la région de Grenade et Murcie, un ensemble de gisements paléontologiques et préhistoriques extraordinaire ; répartis entre 1 et 2 millions d'années[1], ils révèlent en effet la présence en Europe dès cette époque très ancienne de cet hominidé que l'on vient de voir naître en Afrique tropicale et commencer à s'agrandir sans délai. C'est en quelque sorte, à l'arrivée, la démonstration du début de l'expansion de l'humanité hors d'Afrique. Ce mémoire réunit ainsi, de manière exemplaire, les différentes approches pratiquées pour montrer (de manière directe ou indirecte) l'existence du genre *Homo* dans ces vieux niveaux

1. La communauté scientifique a émis des réserves sur ces dates.

andalous. Après les études géologiques de base, les datations et leurs étalonnages, on y trouvera des travaux de paléoanthropologie, rappels d'ensemble et descriptions particulières, des travaux de paléontologie des vertébrés et leurs implications biostratigraphiques, paléoécologiques et paléogéographiques, des travaux de préhistoire et de typologie, des études de taphonomie et d'éthologie ; et tous ces éclairages feront apparaître l'homme en pleine lumière sous la forme de ses propres ossements, de ses outillages, de ses manuports ou, en contre-jour, sous les traits de certains de ses comportements, bris d'os ou traces de décarnisation. La paléontologie apportera en outre un secours précieux à la thèse proposée en décrivant à l'époque en Espagne des espèces incontestablement africaines et compagnes du genre *Homo* dans ses savanes natales.

J'ai été très honoré par l'invitation du docteur Gibert à préfacer ce cohérent et convaincant ensemble de recherches. Les sites exceptionnels auxquels elles sont consacrées constituent peut-être, en effet, les premières implantations de l'homme sur notre continent ; elles participent par suite à une grande idée nouvelle à laquelle j'adhère bien volontiers : les premiers peuplements de l'Europe sont bien plus anciens qu'on ne l'a longtemps imaginé ; c'est une espèce antérieure à *Homo erectus*, peut-être la première espèce du genre *Homo*, qui en a été le héros.

La France

L'histoire de l'homme – notre histoire – n'a sûrement pas fini de nous surprendre. Imaginons, ne sachant encore rien de cette histoire, ce que pourrait avoir été – ce qu'a pu être – notre étonnement devant la révélation de notre extraction animale, de notre proche cousinage d'avec bonobos et chimpanzés, de notre berceau tropical et africain, de l'épaisseur de notre histoire – 10 millions d'années pour notre famille, 3 millions pour nous-mêmes, le genre humain. Imaginons notre émerveillement, devant l'image de l'arrivée en France des tout premiers peuplements, venus d'Italie en longeant les rivages de la Méditerranée, de ces hommes curieux et attachants qu'on appelle *habilis* ou *rudolfensis*, il y a sans doute plus de 2 millions d'années. Et puis, imaginons notre émoi devant la découverte de la dramatique destinée de ces gens-là, devenus par isolement une humanité à part entière, originale, intelligente, cultivée, créatrice, rejointe un beau jour d'il y a moins de cinquante millénaires par une autre humanité cousine, développée ailleurs, aussi intelligente, aussi cultivée et aussi créatrice qu'elle, mais peut-être plus prolifique, peut-être plus efficace et poussant la première, fondatrice, inconsciemment, lentement, inexorablement vers son extinction. C'est tout de même une bien étrange histoire.

Les premiers habitants de la France, dont il est question ici, ne sont donc pas les premiers mais les seconds, arrivés de l'est comme les premiers et par les mêmes routes mais 2 millions d'années plus tard ; ce sont tout de même les premiers hommes modernes d'Europe et, par suite, de France, les premiers *Homo sapiens*, sans doute surpris – qui sait ? – de trouver la péninsule déjà peuplée d'hommes trapus aux visages lourds et aux têtes longues. Que s'est-il donc passé ?

À partir d'un des rameaux du généreux bouquet africain des préhumains est apparu, il y a 3 millions d'années, le genre *Homo*, et ses premières espèces aux gros cerveaux et aux mâchoires à manger de tout. Mais il ne tint pas longtemps en place ce genre humain et entreprit de repousser les limites de son territoire. Cette politique le mena d'abord au Proche-Orient et, de cette plaque tournante, sans plus de peine, en Europe et en Asie. L'humanité, sans doute *habilis*, était alors une à travers tout ce que l'on nomme l'ancien monde. Mais, comme rien n'est stable, le temps changea. Des âges bien froids survinrent, qui fermèrent l'Europe de glaces, puis des âges plus tempérés qui isolèrent Java d'eau de mer, divisant cette fois en trois l'humanité[1] devenue entre-temps *erectus*. Trois hommes poursuivent alors leur route de manière

1. En cinq désormais, avec l'homme de Flores, à Flores, et l'homme de Denisova, en Sibérie.

à la fois parallèle et particulière : à Java, l'homme de la Solo[1] ; en Afrique et en Asie continentale, l'homme moderne ; et, en Europe, l'homme de Neandertal. Et puis une nouvelle pression environnementale incite celui du milieu à reprendre son bâton d'explorateur ; il le conduira en Amérique à pied, en Australie en radeau, mais aussi à Java et en Europe, l'obligeant à coexister plusieurs millénaires durant dans ces deux territoires avec l'une et l'autre des deux autres humanités avant de prévaloir sur elles.

On rencontre nos premiers hommes modernes, en Israël par exemple, mais aussi en Roumanie récemment, à des âges géologiques antérieurs à ceux qu'ils accusent en France, nous permettant de dessiner l'itinéraire de leur voyage. Leur équipement ressemblait à celui des indigènes de l'Europe, mais leurs poches étaient pleines de coquilles, de dents et d'osselets percés pour en faire divers colliers, bracelets ou chevillères. Invention ou influence, Neandertal se mit à distinguer par la parure, chacune des personnes de son groupe. *Sapiens* fut seul, par contre, à oser se mesurer aux parois de ses grottes et à y tracer les contours du monde qui le hantaient. Habile tailleur, il développa les petits outils en série ou les grandes armes de jet. Il fut sans doute, en exacerbant la singu-

1. L'homme de la Solo est pris ici comme synonyme d'homme de Java et non comme seulement le plus récent d'entre eux.

larité de chaque individu, mais aussi de chaque population, celui qui planta en France la mosaïque des régions et de leurs coutumes.

Ainsi étaient nos ancêtres, artisans et inventeurs, artistes et religieux, travailleurs et perfectionnistes, curieux et individualistes. Ils aimaient le beau. Ils aspiraient à la maîtrise de ce qui leur était connu, à la recherche de ce qui ne le leur était pas encore. La France peut s'enorgueillir d'avoir offert à *Homo sapiens* les conditions adéquates pour que nos premiers habitants modernes y aient eu sans délai l'inspiration de la peinture, de la gravure, d'un certain besoin d'esthétique et de spiritualité. Et c'est ce constat bien agréable que je choisirai pour conclure. Je souhaite une merveilleuse lecture à toutes les personnes qui auront la chance de découvrir ce numéro d'*Historia,* et leur conseille de visiter les sites où les premiers habitants modernes de la France ont choisi de vivre. Vous verrez qu'ils ont eu bon goût.

À propos du peuplement de la région Alpes-Côte d'Azur

Mille auteurs ont écrit, tellement mieux que je ne le ferai, combien la connaissance du passé est essentielle à la compréhension du présent et à l'appréhension de l'avenir. Tout être humain, toute société, toute culture a besoin de racines ; depuis 3 millions d'années que l'homme sait qu'il sait, il se pose ainsi les trois questions de la raison de son existence, de son origine et de sa destinée, inhérentes à sa conscience émergente, celles auxquelles tous les mythes de l'humanité se sont efforcés de répondre pour apaiser les angoisses qu'elles engendraient et engendrent toujours. La préhistoire intéresse ainsi tout le monde tout le temps et partout ou presque, et tout particulièrement ceux que les réponses traditionnelles ne satisfont plus tout à fait. Il est par suite très utile de faire connaître les preuves du récit des préhistoriens. Mais encore faut-il savoir faire passer ce message de manière agréable et accessible.

Depuis plus de deux ans, Frédéric Boyer réfléchissait et travaillait à cette problématique : comment promouvoir le patrimoine préhistorique auprès du plus grand public ? Et sa solution, à la fois rigoureuse, dense et originale, a été de proposer, d'abord dans un ouvrage – car il a d'autres tours dans son sac ! – une sorte de riche catalogue de sites d'une région, la sienne, Provence-Alpes-Côte d'Azur, sous la forme triptyque d'un guide – comment s'y rendre –, d'une description – quelle époque est représentée ici, quels étaient les hommes qui y vivaient et comment ils y vivaient – et, à quelques reprises, d'une fiction. Je dois dire que j'ai trouvé l'association des trois éclairages pleine d'intelligence et de raison ; quand on fait ce genre d'exercice, c'est en effet pour partager un véritable savoir mais c'est aussi pour le partager avec le plus grand nombre ; il faut alors apprendre aussi à le mettre en scène. Cette approche multiple permet en effet avec élégance et discernement de trouver, dans un même livre, les données scientifiques, racontées ou revues par les meilleurs, quelques petites histoires, inventées par les plus talentueux, et l'information pratique et même critique osée par l'auteur. L'ouvrage n'est ainsi pas un guide ordinaire – on l'a bien compris – mais une œuvre et, qui plus est, une œuvre de caractère.

Saluons l'initiative de Frédéric Boyer et son résultat ; saluons le travail qu'il lui a fallu conduire pour y parvenir, les idées qui ont présidé à sa réalisation. Saluons, en un mot, la qualité de *Mémoires millénaires* et souhaitons à ce « guide » un merveilleux avenir, comme outil dans les Alpes-Maritimes, le Var, les Alpes-de-Haute-Provence, les Bouches-du-Rhône, le Vaucluse et la Ligurie italienne et comme modèle ailleurs.

L'Ardèche et le Gard

Il était une fois trois jeunes femmes que liait, à leur insu, une étrange passion commune ; elles aimaient l'homme pourvu qu'il fût préhistorique.

S'étant un beau jour rendues dans une de ces cérémonies où on le glorifie, elles s'avouèrent mutuellement cette fascination partagée pour l'ancêtre fossile, décidèrent de signer une alliance pour mener ensemble sa conquête, prirent le lierre pour emblème et prononcèrent le vœu courageux de consacrer désormais leurs efforts à faire se rencontrer ceux qui l'approchent et ceux qui ne demandent qu'à en entendre parler. Ainsi naquit Hédéra… et ce premier produit – exposition et ouvrage – élégamment nommé *Chroniques*. Mon premier devoir, bien agréable, sera donc de rendre hommage à l'entreprise et à ses inspiratrices dont on peut d'ores et déjà mesurer, j'en témoigne […], la belle détermination.

Mon deuxième hommage ira à la fois à ceux qui se partagent la signature des pages qui suivent et encore à Hédéra qui les a choisis et leur a fait confiance. Les meilleurs spécialistes de l'art paléolithique en général et de celui qu'on appelle rhodanien en particulier se succèdent en effet à cette tribune, sous l'autorité incontestée de Jean Combier. Il en résulte un livre de très haute tenue. Très précis, parce qu'il est professionnel, et très accessible, parce qu'il est écrit pour le public qui ne l'est pas, il sait mêler, avec beaucoup de discernement, la description des principales grottes ornées de l'Ardèche et du Gard – dont, ne l'oublions pas, l'exposition est le propos –, le discours des idées sur le sens de ces œuvres, leur lecture et les progrès de ses interprétations, la description des techniques d'analyse des produits et de relevés des productions, et même, s'il en était besoin, le dictionnaire plein d'humour des mots du « langage des cavernes ».

Je présenterai mon troisième hommage au public que je rencontre bien souvent et dont j'apprécie tout à la fois et partout l'intérêt et l'attention, l'enthousiasme et l'esprit critique ; j'ai pour lui un grand respect et je dois dire qu'il me répond par beaucoup de chaleur. Ce public a parfaitement compris que la connaissance de toutes les cultures qu'a produites l'humanité était sa propriété et représentait un extraordinaire apport à sa propre culture et je ne doute pas de son désir ardent d'apprendre les merveilleuses silhouettes de mammouths d'Oulen ou de Chabot, les habiles crinières des chevaux d'Ebbou ou les mystérieuses empreintes de Baume-Latrone, la magie de la diffractométrie ou le miracle du carbone.

Mon dernier hommage, enfin, je l'ai réservé à l'homme fossile lui-même à qui nous devons tant ; c'est lui en effet qui nous a appris l'immensité des temps et l'humilité de notre condition ; c'est lui qui nous a expliqué pourquoi il avait ramassé un jour un caillou et qu'il avait tapé dessus avant de s'en servir, inventant la culture ; c'est lui qui nous a raconté comment il était parvenu à maîtriser la première énergie, le feu, avant que nous ne maîtrisions la seconde, le nucléaire ; c'est lui encore qui nous a avoué son origine animale et nous a démontré la belle manière dont, par le savoir, il a conquis sa dignité et notre liberté.

Nous saluons donc avec enthousiasme et soutenons avec vigueur pareille initiative, dans sa nature, son choix et sa qualité ; bravo à Hédéra et merci à tous les participants ; par leurs efforts, ils nous donnent une leçon d'information intelligente et de respect de l'homme tant présent que passé.

Tautavel

La pratique des sciences préhistoriques a souvent été comparée à une enquête policière. Elle doit en effet, faute de disposer de l'ensemble des données, s'ingénier à déduire bien des choses des quelques éléments qu'elle parvient à mettre au jour si elle fouille bien et comprend bien ce qu'elle fouille. La découverte d'un site – si on n'a pas le lieu où se trouvent « les archives », on ne peut évidemment pas commencer –, son exploitation, l'interprétation au fur et à mesure de son exploitation de ce que l'on y trouve, contenu comme contenant, et puis la lecture au laboratoire de tout ce qui en a été extrait représentent l'enchaînement inexorable de tout processus d'acquisition, dans nos disciplines, de nouvelles connaissances. Et cette démarche est à la fois et à chaque fois, pour nos publics comme pour nous-mêmes, fascinante et magique.

C'est l'éloge de ce raisonnement que Jacques Pernaud a souhaité chanter en 63 questions couvrant la diversité des champs abordés et leurs engrenages.

Et pour qu'une telle opération soit à la hauteur de son ambition, quel meilleur site aurait-il pu choisir que Tautavel ? La Caune de l'Arago à Tautavel est en effet une grotte généreuse dans sa surface, son volume, son remplissage et c'est, qui plus est, une grotte vivante ; on sait quand et comment elle s'est formée, on a une bonne idée de la partie dont elle a été amputée et on prévoit déjà sa disparition par aspiration du plancher. De bonnes datations y ont encadré les restes d'une bonne vingtaine de passages des hommes entre 690 000 et 35 000 années, haltes de chasse de quelques heures ou séjours de familles de quelques années ; une tranche d'histoire de plus de 650 000 ans raconte donc les hommes, leur anatomie, leurs comportements, leurs outillages et les progrès de ces outillages dans leur efficacité et leur diversité, la succession des climats qu'ils ont subis, les faunes qu'ils ont chassées, les flores qu'ils ont pu cueillir, mais aussi les animaux qui ont habité la grotte quand ils n'étaient pas là et les flores de toute la région que le vent est venu sagement enregistrer dans les sédiments, qu'ils soient là ou pas.

Comment ne pas s'émerveiller devant l'extraordinaire mémoire des choses : comment ne pas être séduit par la réflexion logique et déductive qu'il faut développer lorsqu'on est préhistorien. « Il faut beaucoup d'imagination pour être rigoureux », disait, de manière amusante et certainement amusée, André Leroi-Gourhan.

Au-delà de l'information combien précieuse que la Caune de l'Arago, grâce à Henry de Lumley et ses équipes, a livré et continue de livrer aux scientifiques, cette belle grotte devient, cette fois pour tout le monde, et grâce à Jacques Pernaud, une référence de qualité exceptionnelle pour apprendre un épisode de l'histoire de la Terre et des hommes et comprendre la manière dont les chercheurs en ont maîtrisé le déchiffrement. [...]

Le Périgord

Il y a 8 millions d'années sans doute, quelque part en Afrique orientale, notre famille, d'origine animale, se détacha définitivement du reste de l'immense arbre généalogique des êtres vivants, arbre qui, depuis 4 milliards d'années, n'avait cessé de se diversifier, de s'organiser, de se compliquer. Il y a 3 millions d'années, sur ce rameau indépendant depuis 5 millions d'années déjà, un des derniers préhumains ou un des premiers humains inventa le tout premier outil au second degré, celui que l'on ne pouvait fabriquer qu'avec un autre outil. Au cœur du milieu naturel, un milieu nouveau venait ainsi d'être créé. L'invention était modeste d'apparence, mais elle allait devenir capitale de conséquence ; de simple commodité elle se fit en effet nécessité et puis elle se diversifia, s'organisa, se compliqua ; sa croissance exponentielle devint inexorable ; elle remplaça peu à peu chez l'homme ses instincts et l'enveloppa si bien qu'il y trouva sa liberté, sa dignité, son libre arbitre.

Tandis que se développait ainsi sa connaissance, l'homme allait aussi quelque peu agrandir son territoire ; de sa province natale, il ne tarda pas, en effet, à se déployer à travers le monde ; le peuplement de la Terre se fit un peu comme se remplit et se chavire un sablier : l'Afrique puis l'Eurasie se sont chargées d'abord, de bas en haut, dès 2 millions d'années ; l'Amérique et l'Australie ensuite, de haut en bas, depuis 50 000 ans. L'homme, appelé à l'origine *Homo habilis*, y évolua biologiquement doucement en des formes successives et graduelles que l'on appelle *Homo erectus*, *Homo sapiens* et *Homo sapiens sapiens*.

Mais, dans l'Europe un peu isolée des temps glaciaires, cette évolution prit une tournure à part ; un premier peuplement s'y transforma en effet de manière originale d'*Homo habilis* en *Homo erectus* un peu particulier et d'*Homo erectus* un peu particulier en *Homo sapiens* très particulier[1], cet homme que l'on

1. Considéré aujourd'hui comme une espèce à part entière, *Homo neandertalensis*, sans filiation directe avec *Homo sapiens*.

connaît sous le nom d'homme de Neandertal ; et cette dérive s'arrêta vers 40 000 ans, lorsque survint un second peuplement, celui-là d'*Homo sapiens sapiens*, cet homme que l'on connaît ici sous le nom d'homme de Cro-Magnon.

Et, tout au long de ce voyage et des années, ce drôle de petit mammifère n'a cessé de réfléchir, de découvrir, d'inventer, de fabriquer ; l'outil devint vite meilleur, moins gros, moins grand, plus léger, plus efficace, bientôt doté d'une double symétrie, bilatérale et bifaciale. Et l'homme est alors déjà ici, dans cet extraordinaire Périgord noir qu'il a tant aimé des centaines de milliers d'années durant. Il est à La Micoque par exemple. Puis il change de percuteur, donnant désormais la préférence au bois ; il est alors au Pech de l'Azé, à Combe-Grenal. Les formes le hantent ; il pense sans cesse à celles des cailloux qu'il taille, mais il observe aussi celles des coquilles, des dents, des os ; il les perce, les enfile et s'en orne le cou, la taille, les mains, les pieds ; il est au Moustier, à La Ferrassie. Et cette obsession devient telle, qu'il finit par projeter ces formes sur le sable, sur l'argile, sur l'os et sur les grands panneaux de calcaire tendre des rives de ses vallées et des murs de ses grottes ; il est à Laugerie-Haute, aux Eyzies.

Il est partout dans le monde des lieux privilégiés où des institutions, des écoles, des maîtres, font avancer quelque temps, mieux qu'ailleurs, un secteur de la physique, un domaine de la biologie, une technique de l'art plastique, une percée de l'expression théâtrale ; le Périgord noir est incontestablement un de ces lieux ; au creux de la Vézère est en effet née, il y a peut-être 35 000 ans, puis s'est développée et enfin a abouti une des plus extraordinaires écoles de gravure et de peinture de tous les temps ; ses maîtres sont au Bugue, à Font-de-Gaume, aux Combarelles, à Lascaux. Les œuvres sont codées parce qu'elles sont sacrées, mêlant les plus merveilleuses représentations animales aux plus mystérieux signes que, par dépit, on appelle abstraits, mais elles n'en offrent pas moins un immense message de beauté, de raffinement, de civilisation ; dans leurs associations privilégiées et répétées, elles nous apprennent que l'écriture était inventée ; dans leurs situations choisies et renouvelées, elles nous dessinent la structure et les limites du temple ; dans leur traitement, elles nous précisent qu'elles ont été faites pour durer ; dans leur mise en pages, elles nous racontent même qu'elles sont dessinées pour être vues en marchant. Quel plus bel hommage l'homme ancien pouvait-il mieux rendre à ce terroir, à ses couleurs, à ses lumières, à ses habitants, que celui de lui confier ainsi le plus incroyable ensemble graphique de tous les temps ? Quel orgueil justifié que de protéger ainsi, au sein de son cœur de pierre, la plus précieuse réalisation qu'en 3 millions d'années, 100 milliards d'hommes en 200 000 générations sont parvenus à offrir à l'humanité.

On comprendra alors sans peine la raison pour laquelle j'ai accepté avec tant d'enthousiasme et de reconnaissance d'écrire ces premières pages de la chronique d'un pays que j'admire, vénère et fréquente chaque fois qu'il m'est possible de le faire ; cette tribune me donne une autre opportunité que je saisis : celle de le lui faire savoir.

La Charente

C'est un très important travail que nous propose ici André Debénath, très important par la générosité de la synthèse réalisée, mais très important aussi par la parfaite mise à jour de l'information revue. Le paléolithique du bassin de la Charente est en effet très riche par la densité de ses sites, l'épaisseur de leur contenant et la qualité de leur contenu, ce qui a fait qu'il a été découvert très tôt mais fouillé et pillé tout aussi tôt ; il s'est ensuivi un manque de précision dans beaucoup de données anciennes ainsi qu'une dispersion, voire une perte des collections ; il a donc fallu souvent compenser ces lacunes par des sondages et des fouilles complémentaires ou de contrôle, travaux auxquels André Debénath a d'ailleurs largement contribué. Il serait en effet incongru de parler du paléolithique moyen et des néandertaliens du sud-ouest de la France comme du paléolithique supérieur et de ses artistes et artisans Cro-Magnon, sans parler des grottes de la Chaise de Vouthon, de Fontéchevade, du Placard, de Montgaudier, de la Quina, de Saint-Césaire, du Petit-Puymoyen, du Roc de Sers, de la Chaire à Calvin et que sais-je encore. C'est à partir des observations et récoltes faites dans ces sites qu'a été défini le moustérien charentien de type Quina, proposée la théorie des pré-*sapiens*, démontrée l'association du châtelperronien et de Neandertal, mise en évidence la maîtrise de l'incision de l'os par les néandertaliens et, de manière plus technique, décrits des outillages moustériens intermédiaires entre ceux dits de type Ferrassie et ceux dits de type Quina (abri Lartet, le Placard), notée la continuité des outillages rissiens et wurmiens anciens (la Chaise), etc. ; c'est encore sur la succession des cultures d'un remplissage de grotte de cette région (le Placard) que l'abbé Henri Breuil a présenté, dès 1912, ses subdivisions du paléolithique supérieur toujours en usage aujourd'hui.

Et n'oublions évidemment pas l'extraordinaire abondance dans ce pays aussi des restes humains accompagnant ces outillages, néandertaliens tout d'abord (à la Chaise (75 restes), la Quina (49 restes), Fontéchevade, Montgaudier, Marillac, le Placard, Artenac, Le Petit-Puymoyen, Saint-Césaire etc.), mais aussi Cro-Magnon (la Chaise, Fontéchevade, Montgaudier, le Placard, la Quina, etc.). C'est ainsi une région privilégiée pour étudier l'homme de Neandertal et la complexité de ses comportements et de ses réalisations, l'étrange coexistence entre ces hommes-là, indigènes, et les Cro-Magnon, émigrés, avant la prévalence de ces derniers et leur somptueux épanouissement tant dans la réalisation artistique mobilière que dans la taille de la pierre, de l'os et du bois (d'animal).

[...] Je ne peux mieux terminer qu'en pensant que si, successivement, les hommes de Neandertal et puis les hommes modernes se sont ainsi arrêtés et solidement implantés dans le bassin du fleuve Charente, que les conditions aient été glaciaires ou tempérées, c'est bien parce que, comme André Debénath ou Jean Piveteau[1], ils ont adoré ce pays.

Le Poitou, la Vendée, l'Aunis

Je viens de recevoir le manuscrit de Roger Joussaume et de Jean-Pierre Pautreau ; je l'ai lu d'un trait et il m'a fait passer un moment extraordinaire.

La réunion, sous une même couverture, de toutes les informations relatives à la préhistoire d'une région et jusque-là éparpillées dans des bulletins locaux ou nationaux, des correspondances ou des cahiers de

1. J'ai été élève de Jean Piveteau à la Sorbonne dans les années 1950 et j'ai retrouvé, dans les lignes d'André Debénath, la Charente préhistorique des discours parisiens de mon ancien et respecté grand patron, mais aussi de nos excursions d'étudiants.

fouilles, est d'abord, je dois dire, très agréable à « éprouver » ; je conçois que ce sentiment puisse paraître étrange et n'être pas partagé par tout le monde ; il représente cependant cette obsession de synthèse et de classement que ressent, comme une névrose, n'importe quel chercheur. Il faut en effet grouper et ranger pour comprendre, à plus forte raison lorsque la dimension du temps est à prendre en considération.

Ces informations m'ont, en outre, beaucoup touché parce qu'elles s'appliquaient à une province mitoyenne de celle où, avant de courir savanes et déserts, je sondais activement les plages soulevées (Saint-Colomban), fouillais les dolmens à couloir (Barnenez) et collectionnais les augets des sauniers vénètes. L'Armorique, dans l'ensemble de son massif, a été, en effet, pendant presque toutes mes années d'enfance et d'adolescence, ma terre d'apprentissage. Mais c'est une autre histoire.

Ces pages m'ont, bien sûr, appris mille choses et vivement intéressé en elles-mêmes ; elles ont su raconter, toutes les preuves possibles en main, la bibliographie en témoigne – c'est, comme nous l'avons dit d'entrée, un des mérites et non le moindre de ce livre –, quelques centaines de milliers d'années de préhistoire d'une province, le Poitou de César, le Centre-Ouest des auteurs, même si cette province est un peu une mosaïque artificielle de terroirs. Et malgré cette hétérogénéité reconnue et décrite, qui d'ailleurs change de composition et de frontières avec les époques, une remarquable continuité de peuplement se dégage de ce cheminement, en tout cas de celui des dix derniers milliers d'années, par-delà les vicissitudes fameuses mais sans doute plus culturelles que migratoires de la néolithisation au Ve millénaire, de l'avènement de la métallurgie au IIIe, de celui de la sidérurgie au VIIe siècle, de la celtisation au Ve et même, dans une certaine mesure, de la conquête romaine, quelques décennies avant notre ère. Comme partout, des heures de gloire – le développement original du mégalithisme par exemple (le gigantisme angevin), celui de la métallurgie du bronze, l'éclosion de la belle céramique graphitée de ce qu'ailleurs on appelle le *hallstatt* ou la spécificité du monnayage picton – alternent avec des moments plus soumis – la culture voisine d'Artenac du IIIe millénaire et la culture campaniforme qui lui succède, les inspirations méditerranéennes du décor des poteries du VIIIe siècle ou l'adoption du demi-denier romain au tournant de notre ère. Mais l'ensemble n'en constitue pas moins une admirable épopée dont Poitevins, Vendéens, Aunisois peuvent être, à juste raison, fiers. Offrir aux habitants d'une région la connaissance de leurs racines, n'est-ce pas d'ailleurs les aider à bâtir leurs fondations, établir leur filiation, dessiner leur âme ? Roger Joussaume et Jean-Pierre Pautreau ont su par ailleurs, bien sûr avec la prudence qui s'imposait, proposer des interprétations d'un certain nombre de traits culturels en termes de structure sociale, ce qui est un autre mérite de cet ouvrage, celui-là bien rarement partagé – s'il faut par exemple plusieurs milliers de personnes, plusieurs mois, pour construire un dolmen, il est en effet certain que ce monument, même s'il n'est fait que pour enterrer une personnalité importante, représente un sanctuaire dont le rôle intéresse la société tout entière. Monuments, mobiliers, lectures comparées de leur provenance, de leur origine, déductions sociologiques, économiques ou religieuses de leurs associations se succèdent ainsi durant des millénaires et des pages, nous plaçant devant la complexité des problèmes et l'immensité du temps.

Mais, au-delà de son intérêt régional, cet ouvrage m'a paru par ailleurs exemplaire dans la démonstration implicite qu'il donne de la dimension du champ de la préhistoire, de la rigueur de la démarche du préhistorien et de la manière dont progresse, pas à pas, au fil de la mise au jour des moindres témoignages et de leur étude, la connaissance du passé. Ne fallait-il pas aux auteurs parfaitement maîtriser, avant toute chose, la géographie, la géomorphologie et la géologie de la région dont ils avaient choisi de raconter l'histoire – la fluctuation des lignes des rivages, par exemple ? Ne devaient-ils pas, à d'autres moments, assimiler les problèmes technologiques de la taille de la pierre pour lire les objets lithiques, ceux de la cuisson de l'argile, pour comprendre la céramique, ou ceux encore de la fusion des métaux pour saisir ce que la spectrographie leur disait des alliages soumis à son analyse ? N'étaient-ils pas contraints en permanence de suivre travaux et récoltes des autres régions de France, d'Europe ou d'ailleurs pour expliquer contacts et échanges, migrations ou influences ? Et, tout au long de ces obstacles, ne devaient-ils pas être sans cesse en mesure d'apprécier le sens d'une stratigraphie, la fiabilité d'une datation, l'ordre de succession des objets et des hommes pour établir la chronologie sans laquelle l'histoire n'existe tout simplement pas ?

Je salue donc avec enthousiasme l'initiative de Roger Joussaume et de Jean-Pierre Pautreau et son produit. La recherche de toutes les cultures du monde, patiemment reconstituées comme l'ont été celles-ci, période par période, région par région, et livrées aux descendants de leurs auteurs, ne peut que participer à une meilleure connaissance des hommes et à la promotion consécutive d'un humanisme universel. Chaque pierre entrant dans la construction de l'immense édifice historique dont nous faisons partie est importante. Et je remercie Roger Joussaume et Jean-Pierre Pautreau de m'avoir permis [...] de le souligner une nouvelle fois.

La Touraine

Comme on aimerait pouvoir disposer pour toutes les régions du monde d'un bilan archéologique aussi documenté et aussi précis que celui de Jean-Claude Marquet sur la préhistoire de la Touraine ! Il suffirait alors de les juxtaposer dans l'ordre de l'espace, de mettre leurs temps en concordance, et l'on pourrait raconter sans lacunes les peuplements humains de la Terre, l'émergence des idées et l'épanouissement des cultures des 100 milliards d'hommes qui, en 200 000 générations et 3 millions d'années, ont construit l'extraordinaire et extravagante – il faut bien le dire – histoire de l'humanité.

Jean-Claude Marquet préhistorien pratiquant, soucieux de conservation et de diffusion, tourangeau de naissance, de résidence, d'exercice et de cœur, était évidemment celui qui, par excellence, pouvait se permettre de réaliser la meilleure fresque de la colonisation, de l'occupation, de la mise en valeur et de l'épanouissement combien éclatant [...] de la Touraine.

Jean-Claude Marquet avait beaucoup d'arguments pour se lancer dans l'exposé de ce bilan ; le principal était évidemment que le précédent datait de plus de soixante-quinze ans et qu'il y avait eu, est-il besoin de le dire, bien des fouilles, des découvertes isolées, des analyses, des datations, des interprétations réalisées depuis ; l'auteur ayant été en outre souvent lui-même le principal acteur de ces chantiers, mises au jour et mises en ordre, il se devait d'être aussi l'auteur de leur mise en pages.

Le résultat est un très joli livre, très illustré, très accessible et très savant, accessible parce qu'il met en place de manière limpide les principales étapes de la préhistoire, leurs caractéristiques et leur succession, savant parce qu'il raconte les différentes cultures de ces bords de Loire, de Creuse ou de Vienne et leurs génies respectifs sans tomber dans le piège du catalogue.

Dès le paléolithique, ces grands connaisseurs de la pierre et de sa taille qu'étaient les habitants préhistoriques de la Touraine avaient compris tout le parti qu'ils pouvaient tirer de la généreuse matière siliceuse contenue dans certains niveaux du secondaire, et notamment du crétacé, de cette belle province ; aussi les grands racloirs à retouches couvrantes du paléolithique moyen, les belles lames et les merveilleuses feuilles de laurier du paléolithique supérieur précédèrent-ils les prestigieuses lames, de près de 40 centimètres de long parfois, du néolithique final dites du Grand-Pressigny. Absolument uniques au monde, ces lames furent, presque un demi-millénaire durant, des objets utiles et des objets précieux à la fois, symboles de richesse et de notoriété, mais aussi, et pour toutes ces raisons, des objets d'exportation et d'échange. N'oublions pas d'ajouter à ces heures de gloire des ateliers tourangeaux, la découverte sur la rive droite de la Loire, à La Roche-Cotard, près de Langeais, d'une étonnante sculpture-clin d'œil de Neandertal : une esquille osseuse, au travers d'un orifice naturellement percé dans un rognon de silex retouché, simulait un masque d'une impressionnante présence ! N'oublions pas non plus certains faciès du paléolithique supérieur, certaines architectures mégalithiques et beaucoup d'autres particularismes qui font de cette région exceptionnelle en elle-même, mais exceptionnelle aussi par la densité de ses voies d'eau et par la qualité de sa matière première, un lieu de résidence certainement très convoité pendant des millénaires.

Je dois avouer que j'ai vécu longtemps entre Indre et Loire ; mais je tiens à dire que je me suis efforcé de maîtriser ici le chauvinisme qui aurait pu en découler. Le pays de Tours, pays de confluences, par les richesses de son sous-sol, la qualité de son sol, le talent de ses habitants, a incontestablement été – et est naturellement toujours – un terroir exceptionnel ; même nos rois s'en sont aperçus ! [...]

La Normandie

C'est un honneur et un bonheur d'avoir à ouvrir pareille magistrale synthèse de l'histoire – on dit « préhistoire » – de centaines de milliers d'années du peuplement d'une très grande et très fameuse région de France, la Normandie.

Après avoir fixé le début possible de cette préhistoire à 600 000 ans, le savant exposé de Guy Verron va entraîner avec élégance le lecteur vers la prise en compte de plusieurs grandes idées essentielles à la compréhension d'un survol de cette ampleur : l'étendue des terres et des mers n'a pas toujours été celle que l'on connaît aujourd'hui ; la répartition des peuplements, la continuité ou non de leurs installations et l'établissement de leurs échanges en ont évidemment dépendu ; ce que l'on appelle d'un seul terme d'allure homogène, simple mais trompeur, « la » préhistoire recouvre en fait bien des événements, des populations, des cultures, des influences ; la découpe administrative et contemporaine de la Normandie, même si elle reproduit les limites ou presque de certaines régions de signification historique, ne peut avoir été bien sûr calquée sur chacune des mille provinces préhistoriques qui se sont succédé sur ce territoire ; d'où les distinctions, au fil du texte entre un Cotentin presqu'insulaire et un val de Seine élargi, entre une

Normandie armoricaine et cristalline et une Normandie sédimentaire tout entière liée au bassin de Paris, ou plus simplement entre une Haute- et une Basse-Normandie.

Cela étant posé, il suffira alors au lecteur de laisser se dérouler devant les yeux de son imagination et sous la plume érudite de l'auteur, plume d'ailleurs [...] soutenue par une illustration pertinente et généreuse, l'aventure extraordinaire de ces Bas- et Haut-Normands avant que ne sonnent pour eux les heures romaines et puis bientôt celles dites vikings bien qu'elles ne le soient qu'en très petite partie. Aux Neandertal, tailleurs de bifaces et de hachereaux, qu'on appelle parfois archanthropes ou *Homo erectus* mais qui n'en sont pas moins néandertalisés, succèdent des Neandertal forcément plus néandertalisés – puisque la néandertalisation est une dérive génétique –, tailleurs cette fois de lames d'ailleurs très précoces. Et puis comme partout en Europe, cette humanité si particulière va peu à peu s'effacer – on ne sait pas encore bien comment – devant celle, *sapiens*, d'immigration récente, auteur des admirables silhouettes gravées de chevaux et de femmes de Gouy et d'Orival qu'Yves Martin a rencontrées, reconnues et révélées. Changement de climat, changement de comportements, les hommes se sédentarisent, cueillent et puis sèment ; dès 8 000 ans, une culture originale dite de La Hoguette produit une poterie caractéristique dont l'influence s'étendra jusqu'au Rhin ; plusieurs autres suivront avant que n'apparaissent, entre 7 000 et 6 000 ans, les premières architectures dont celle des grandes sépultures à coupoles. C'est l'époque des défrichements extensifs et de l'extravagante exploitation consécutive des mines de silex ; à Bretteville-le-Rabet par exemple, plus de 20 000 puits ont pu produire parfois 20 tonnes de silex chacun, apprend-on. Il y a cinq millénaires, l'or et le cuivre apparaissent dans le mobilier et puis, avec l'étain, le bronze, à son tour, sous des influences méridionale, orientale, septentrionale et d'outre-Manche ou influençant, au contraire, ces mêmes voisins aux alentours de 3 500 ans. Des « haches à douille monnaie » accompagnent bientôt les premiers âges du fer ; quant aux derniers de ces âges, ils voient arriver, après une grande stabilité de milliers d'années des peuplements, les immigrants celtes d'Europe centrale, installant cette fois la Normandie entre provinces Celtique et Belgique. [...]

Sur la route de Louviers

C'est toujours un plaisir pour moi – en même temps qu'un devoir – d'être appelé quelque part, pour encourager une manifestation de « promotion » de la préhistoire ; cette discipline, sous ses allures discrètes, est en effet particulièrement importante et les messages qui résultent de ses deux siècles de recherches, sont loin d'être inoffensifs : l'homme est très ancien, dit cette science, et son origine est animale ; son berceau est unique, tropical et africain ; l'homme est le seul réceptacle de la conscience réfléchie, détenteur d'un libre arbitre et de la responsabilité qui résulte de son exercice, et le progrès qu'induit son évolution est tout aussi intellectuel et moral que technique.

L'exposition « De la préhistoire » du musée de Louviers remplit parfaitement le rôle de support et de véhicule de ce bilan et a en même temps le rare privilège de présenter d'exceptionnels documents préhistoriques anciennement découverts ou tout nouvellement mis au jour au point que certains d'entre eux seront publiés (publication *princeps*) pour la première fois dans ce catalogue.

Il faut d'ailleurs disposer d'une belle richesse de sites pour pouvoir s'offrir le luxe de choisir une localité type par époque. Sans refaire naturellement ici le résumé du catalogue, annonçons tout de même, par exemple, l'incroyable générosité en vertébrés fossiles de deux cents millénaires de la grande carrière de Tourville-la-Rivière, carrière que je connais d'ailleurs très bien, l'élégante ornementation codée, gravée et peinte des grottes de Gouy et d'Orival, les plus septentrionales du magdalénien, les sépultures du VIIe millénaire des Varennes, les villages à grandes maisons du Ve millénaire de Poses, les habitats miraculeusement conservés du IVe millénaire de la Villette et la somptueuse céramique campaniforme du IIIe millénaire du Val-de-Reuil, de Poses et de Léry. [...]

La Champagne-Ardenne

Si la discipline archéologique avait un jour besoin d'être défendue, un ouvrage comme celui-ci pourrait constituer le plus somptueux des plaidoyers en sa faveur ; ce sont en effet le terrain, le sol et le sous-sol, et naturellement la qualité de la lecture de tout ce qu'ils ont conservé, qui permettent d'établir l'histoire de centaines de milliers d'années d'une région ; et même lorsque l'histoire se met à se nourrir de textes, l'archéologie, qui peut seule confirmer, infirmer, nuancer, compléter, conserve toute son importance qu'aucun autre champ de la connaissance ne peut lui ravir.

C'est par suite un plaisir d'autant plus grand pour l'archéologue que je suis un peu de se voir offrir la préface de cette brillante synthèse de l'histoire de l'homme et des hommes en Champagne-Ardenne par son auteur, Alain Patrolin, et par la Fédération des sociétés archéologiques de cette grande région.

L'exercice est d'ailleurs méritoire, car la région, de délimitation purement administrative, ne correspond évidemment jamais à une unité préhistorique ou historique. Le récit n'en est peut-être que plus passionnant par la juxtaposition des aires d'influence différentes qu'il est contraint de prendre en compte et par l'amusant déplacement du projecteur d'une aire à l'autre dont il a à rendre compte.

Les premiers peuplements, au moins acheuléens, sont un peu imprécis par manque de grands sites leur apportant contour et datation. Les alluvions des grands drainages que constituent les vallées de la Seine, de la Marne, de l'Aisne, de la Meuse sont heureusement là, crachant de temps à autre, dans leurs graviers ou leurs sables, bifaces ou choppers, pour en rappeler l'existence incontestable.

Les Neandertal n'en ont pas moins mangé le mammouth à Dommery, à quelques kilomètres de mon village d'adoption, et les Cro-Magnon gravé le schiste à Monthermé, sûrement sensibles comme nous-mêmes aux spectaculaires méandres de la Meuse.

C'est le grès que leurs successeurs immédiats vont cette fois graver (dans la vallée de la Vesle), tandis que leurs outillages se révéleront suffisamment brillants pour mériter de prendre le nom des confins occidentaux du domaine, le Tardenoisien.

D'Europe centrale, « de bouche à oreille », arrivent les nouveaux modes de vie qui sont encore un peu les nôtres ; on défriche, on cultive, on polit, on construit, on se protège aussi et on enterre bientôt ses morts discrètement en dessous (150 hypogées entre Reims et Sézanne) ou ostensiblement au-dessus

(120 dolmens répertoriés au début du siècle dans l'Aube et la Marne). C'est aussi petit à petit que les métaux vont s'imposer à une société agricole désormais bien implantée, d'où l'extraordinaire développement économique d'alors et déjà (on est en – 3 000) l'installation de communes actuelles.

On passe du bronze au fer de façon presque insensible ; la période est brillante, la métallurgie fameuse, les chars des tombes remarquables et remarqués, mais ce sont les temps celtiques, vite digérés par ces pays de forte trempe, qui font revenir la lumière sur la région au point que cette période dite de la tène a bien failli s'appeler marnien. C'est à ce moment que se mettent en place les principales voies de communication avec ouvrages d'art tels le pont de Warcq (le plus ancien d'Europe) et les premières formes d'urbanisation à l'intérieur de sites fortifiés. Les Romains en bénéficieront et ne romaniseront ce pays et ses populations, dont le découpage ne changera plus, que de manière progressive.

Rome ne lui imposera pas moins à la longue son modèle, illustré – et avec quel éclat – par Reims (la porte de Mars est le plus grand arc du monde romain), Troyes, Langres, mais aussi par les villas rurales, les sanctuaires, les artisanats, les maraîchages, les voiries, et l'organisation sociale et politique qui les accompagne.

La religion chrétienne pénètre lentement – la première église date de 360 et les premiers monastères d'un siècle plus tard –, tandis que les incursions germaniques se multiplient. L'Empire romain d'Occident s'effondre et le premier royaume franc se met en place. Une tombe à Charleville a livré la panoplie la plus complète qui soit du soldat d'alors avec francisque, angon, scramasaxe, bouclier, framée.

Les Carolingiens et puis bientôt l'insécurité vont suivre, les châteaux forts apparaître en même temps que se multiplieront les petites seigneuries. Cathédrales, prieurés, oratoires vont couvrir le pays, mais aussi moulins, pêcheries, digues, grandes cultures telle celle de la vigne et, conséquence attendue, les célèbres foires de Champagne vont gagner leurs lettres de noblesse.

Il n'y a pas plus merveilleuse histoire que celle ainsi racontée de la mise en place progressive, logique, expliquée, des paysages, des cultures, des habitats d'une région et de leurs développements cultuels ou défensifs ; la démographie, la structure politique, l'organisation sociale, les conditions successives de paix et de conflits, la continuité de la tradition ou les ruptures des modes de vie, tout peut s'y lire, s'y dévoiler, s'en déduire. En ce qui concerne cette région en particulier, soumise à des quantités de travaux, de nouveaux tracés routiers, de remembrements ruraux, d'aménagements urbains, beaucoup d'informations inédites sont venues enrichir les données publiées ; s'y sont ajoutés aussi les résultats de fouilles proprement dites, récentes, dont les rapports ne sont pour le moment détenus que par le service régional d'archéologie. Le lecteur de cet ouvrage est donc un privilégié d'avoir ainsi accès à la meilleure actualité du passé qui soit de cette immense région née du mariage des célèbres provinces complexes de Champagne et des Ardennes. [...]

Un petit arpent de Beauce

Les habitants d'Outarville mesurent-ils la chance qu'ils ont de compter parmi eux deux jeunes et brillants scientifiques qui ont pris la peine de leur raconter par le menu l'histoire des derniers millions d'années de leur canton ?

Philippe Marinval et Marie-Christine Marinval-Vigne nous offrent, en effet, dans ce joli travail particulièrement bien illustré, toute la préhistoire, la protohistoire et les premiers pas de l'histoire de cette région de Haute-Beauce qui est la leur. Et comprenant que l'intérêt d'une telle description ne se conçoit que dans une beaucoup plus large perspective spatiale et temporelle, ils ont su nicher leur terroir dans le vaste cadre géographique, géologique, paléontologique et naturellement préhistorique auquel il appartient ; ils l'ont d'ailleurs fait si bien que, mises bout à bout, les introductions qu'ils ont composées pour chaque chapitre ou sous-chapitre constitueraient à elles seules un agréable petit volume de préhistoire générale et d'histoire de la Gaule et de sa romanisation.

Pour tous les petits Français, la Beauce, c'est un grenier à blé, une région plate, sèche, sans arbres, sans rivières, qui s'étend à perte de vue au sud-ouest de Paris ; c'est cela un peu, bien sûr, mais c'est aussi ce qui reste d'un grand lac tertiaire aux sédiments modelés par les glaciers quaternaires et généreusement doté d'eau en dessous et de limon au-dessus.

Les hommes ne s'y sont pas trompés qui s'y sont installés il y a plusieurs centaines de milliers d'années, pas loin du million peut être ; il y faisait alors bien plus chaud et l'humidité était grande. Et puis la steppe envahit le plateau et, avec elle, le vent et la grande faune dite froide ; un chasseur perd alors son biface à Aschères-le-Marché. Le peuplement de cette partie du monde peu à peu se néandertalise et ne cesse de fréquenter Outarville, Bazoches-les-Gallerandes, Artray mais aussi, pas loin, Artenay, Chevilly, Chilleurs-aux-Bois... Il y a quelques dizaines de milliers d'années, Cro-Magnon arrive à son tour par le Proche-Orient et ne tarde pas à venir à Outarville et dans ses environs ; il y laisse même de bien belles gravures sur des plaquettes mobilières, faute d'avoir des grottes sanctuaires à orner.

La dernière glaciation s'achève ; des forêts couvrent le pays ; les gens d'Atray, de Sébouville ou d'Auneau y chassent l'aurochs, le sanglier et le cerf. Mais déjà les premiers agriculteurs d'affinité centre-européenne d'abord, méridionale ensuite, déboisent pour cultiver ; ils laissent de la céramique, des outils de pierre remarquables et, bientôt, la première architecture monumentale qui soit ; elle est funéraire et avoue environ cinq millénaires – la dalle d'Autruy-sur-Juine, la pierre clouée d'Andonville en sont de merveilleux exemples.

Le cuivre et puis l'étain et leurs alliages, le fer, enfin, viennent enrichir la gamme des matières premières à la disposition des hommes qui fabriquent outils et armes de plus en plus résistants ; les témoignages de ces périodes sont aussi présents dans ce pays : une épingle à Bourneville, des haches à Dancy, des épées dans la Loire, toutes en bronze, mais aussi des champs d'urnes funéraires à Férolles et à Aulnay-la-Rivière, des tumulus à Chilleurs-aux-Bois ou à Mardié et puis, bientôt, des fermes partout que la prospection aérienne a souvent permis de localiser et même dessiner. Outarville est alors en partie sénon, en partie carnute, lorsque Jules César conduit avec le succès que l'on sait la guerre des Gaules ; quelques grandes villes et quelques villes secondaires se fondent ou se renforcent et un important réseau de routes s'établit très vite entre elles ; la voie de Paris à Orléans croise à Bazoches-les-Gallerandes celle de Sens au Mans et aux environs de Juines celle de Sens à Chartres ; des villas, des oppidums, des remparts, des temples, des fanums de tradition gauloise apparaissent ici et là et tous ces lieux d'implantation gallo-romaine livrent céramiques, quincaillerie, bijoux, verroterie, statuettes, monnaies, partout en abondance. Diclopitus, premier prélat chrétien de la région, premier évêque d'Orléans, est cité en 343 à moins que saint Altin ne l'ait précédé de quelques décennies. Et nous voici à la porte du haut Moyen Âge et de l'implantation de la dynastie mérovingienne.

En dehors de l'intérêt de chacune des découvertes décrites et de leurs interprétations chronologique, culturelle, fonctionnelle les replaçant dans un contexte large, il est important de souligner celui de la démonstration de la participation d'un simple canton à la grande histoire naturelle et culturelle de l'humanité. On pourrait appeler ce livre la grande histoire de l'homme, la petite histoire d'un terroir, l'une et l'autre s'interpénétrant et s'interfécondant sans cesse.

J'ai vécu dans le sud du Massif armoricain, de Sarzeau à Quiberon, la même aventure que celle vécue par Philippe Marinval et Marie Christine Marinval-Vigne en Beauce ; durant mon enfance et mon adolescence, j'ai suivi moi aussi les chemins antiques, tenté de décrypter la toponymie et l'onomastique et prospecté, sondé, fouillé, récolté des kilos de briques, de poteries, de pierres taillées ou polies. J'ai été, bien sûr, d'autant plus sensible à la demande des auteurs, dont je connaissais bien les savants travaux de recherche par ailleurs, de préfacer cet essai de préhistoire et d'archéologie « cantonale », ce très séduisant bilan des prospections de leurs jeunes années lorsque, frère et sœur partageant la même passion, ils parcouraient en tous sens, le pays de leur naissance et j'aimerais voir leur élégant travail pris comme exemple par des myriades de monographies d'aussi belle qualité.

Un petit moment du Val-de-Marne

[...] Je tiens [...] à saluer pour commencer, le laboratoire départemental d'archéologie du Val-de-Marne, sis à Villejuif, et dont je me suis efforcé, à mon niveau, d'encourager et de soutenir le développement exemplaire depuis maintenant plus de vingt ans que Philippe Andrieux l'a fait naître et en a saisi les rênes. [...]

L'édition, c'est Artcom', née de la suractivité de Frédéric Serre, toujours en quête d'opérations nouvelles en faveur de la diffusion de la connaissance archéologique, préhistorique et paléontologique. [...]

Venons-en [...] à l'auteur, [...] Djillali Hadjouis, dont j'ai eu l'occasion d'apprécier les recherches depuis au moins quinze ans, et évidemment à son livre au titre et sous-titres explicites : *Les Populations médiévales du Val-de-Marne, dysharmonies cranio-*

faciales, maladies bucco-dentaires et anomalies du développement dentaire au cours du Moyen Âge.

Quand on pense qu'il y a 206 ossements par squelette, il faut d'abord admirer le travail de terrain de [...] Djillali Hadjouis qui en a extrait 536 des 3 cimetières de Chevilly-Larue, du parvis Saint-Christophe de Créteil et d'Ivry-Parmentier. Passant au travail de laboratoire, [...] Djillali Hadjouis a bien sûr étudié cette superbe collection des points de vue morphologique et pathologique, pour en extraire toute information particulièrement précieuse sur l'origine des populations récoltées, leur démographie, leur état sanitaire et leur situation socio-économique. Mais, ne se contentant pas de cet enchaînement du cimetière à la société, presque de routine, [...] Djillali Hadjouis s'est posé d'autres problèmes, [...] ceux de la croissance et de ses pathologies par exemple, à l'origine de bien des dysharmonies, [...] processus génétique, mécanique et dynamique complexe que [...] l'approche associée de la paléontologie, de l'anatomie et de l'orthodontie participe à éclaircir. [...]

L'empreinte d'un grand monument de Thiérache

Signy-l'Abbaye est un bien joli village au bien joli nom, niché au creux d'un vallon de la Thiérache ardennaise, qu'une généreuse enceinte de chênes et de hêtres domine et clôt presque complètement. Passée la couronne de forêts et dévalées les collines vêtues de ce vert intense qui n'appartient qu'à ce pays, nous voici au centre du bourg, entre église et halles, évidemment curieux d'apercevoir l'abbaye annoncée. L'abbaye cistercienne de Signy, aux pages glorieuses, née il y a plus de 800 ans, n'est plus hélas depuis deux siècles ! Les hommes ont parfois cette conviction misérable qu'il faut détruire pour mieux créer ! Mais ce serait manquer un peu vite d'intérêt que de se contenter de ce constat ; les choses ont souvent une étonnante mémoire ; il faut avoir seulement curiosité et courage pour apprendre à les questionner. Nicole Boucher a eu sans peine toutes ces qualités, car elle possédait d'avance la passion du pays et de son patrimoine.

Dans ce joli livre d'une grande érudition, à la fois dense et précise, elle nous fournit toutes les données historiques écrites, figurées ou cartographiées pour nous faire aboutir plus facilement sur le terrain au bilan de ce qu'il reste de l'abbaye. Ses efforts sont justement récompensés puisqu'il reste en fait de ses pierres, de ses objets et du « génie civil » de ses moines, bien plus qu'on ne l'aurait imaginé. [...] La plate-forme artificielle de terre levée dès le XIIe siècle, entre rivière et rayère, pour l'implantation des bâtiments conventuels pourrait par exemple facilement bénéficier, pour le meilleur profit émotionnel, intellectuel et économique des signaciens, et naturellement l'intérêt des visiteurs, d'un aménagement agréable accompagné, bien sûr, d'explications circonstanciées ; cette promenade pourrait d'ailleurs se prolonger jusqu'au moulin de Librecy en amont et à la forge du Hurtault en aval. L'abbaye et l'œuvre de ses fondateurs et de ses occupants successifs seraient ainsi sauvées du pitoyable oubli qui est en train de s'installer.

Mais l'auteur ne se contente pas de décrire les initiatives monastiques et d'inventorier leurs propriétés, pourtant nombreuses, des moulins aux granges et des maisons aux étangs ; elle appréhende l'ensemble de l'activité économique de l'abbaye de Signy et la diversité étonnante de ses développements, des récoltes céréalières à la pisciculture, de l'extraction de l'ardoise à celle du fer, toutes initiatives ayant en commun, de près ou de loin l'usage de l'eau. Bénéficiant de cette énergie hydraulique apprivoisée, des filatures vont s'installer au moment du démantèlement de l'abbaye et, plus tard, d'autres entreprises auxquelles Nicole Boucher va aussi s'intéresser. Et puis elle promène ses lecteurs le long des routes, des rues et des chemins, d'une maison à l'autre, d'un bois à un verger, d'un pignon de pierre à un sol carrelé, d'un tambour de colonne réutilisé à une dalle funéraire servant de perron... [...]

Mais que fait donc ici un préfacier chercheur de fossiles ? Eh bien, il se trouve que ce chercheur de fossiles-là, professionnellement curieux, est aussi personnellement passionné d'histoire et d'archéologie. Marié à une Signacienne, il s'est trouvé, en outre, il y a quelque vingt années, présenté à ce pays de caractère qui l'a bien reçu et tout de suite séduit : « Qui prend femme, prend pays ! », disent les Canadiens. Voilà donc qui est fait. [...]

L'Asie

C'est toujours un privilège d'ouvrir un colloque international, en l'occurrence celui-ci sur « L'Origine des peuplements et la chronologie des cultures paléolithiques dans le Sud-Est asiatique » [...].

Mes chers amis, je voudrais puisque j'ai la tribune, vous faire part non sans témérité de quelques réflexions personnelles sur l'origine des peuplements de l'Orient et de l'Extrême-Orient, quitte à les amender après vous avoir écoutés.

1. Je pense, comme beaucoup, que le genre *Homo* est apparu dans les régions tropicales de l'Afrique. Mais je pense que les traits physiques qui le caractérisent – denture d'omnivore, encéphale volumineux – et les comportements que ces traits entraînent – mobilité, curiosité – l'ont fait se déployer très vite, géologiquement parlant, à travers tout l'ancien monde. Je veux dire que je ne serais pas étonné par des décou-

vertes d'hominidés de plus de 2 millions d'années, bien antérieures donc à *Homo erectus*, en Asie comme d'ailleurs en Europe.

2. Le peuplement de la Terre s'étant donc fait de l'Afrique vers l'Eurasie, puis de l'Asie vers l'Amérique et l'Océanie, l'Extrême-Orient est incontestablement le milieu du peuplement humain de la planète, le milieu de la Terre, la province du milieu – je ne dirai pas l'Empire.

3. Pour des raisons d'isolement d'un certain nombre de terres indonésiennes par la remontée des eaux marines, conséquence de la fonte des glaciers, je ne suis pas étonné par l'incontestable particularisme de l'homme de Java. Gert Van den Bergh a montré, dans son PhD soutenu en décembre 1997, que *Stegodon trigonocephalus* est arrivé à Java vers 1,3 million d'années, y a vécu une évolution endémique typique, l'ayant fait passer de la sous-espèce *Stegodon trigonocephalus praecursor* à la sous-espèce *Stegodon trigonocephalus trigonocephalus*, puis à la sous-espèce *Stegodon trigonocephalus ngandongensis* avant qu'un *Elephas maximus* ne puisse arriver du continent sur l'île pour le concurrencer, il y a une trentaine de milliers d'années. Cela me fait penser – mais c'est moi qui en prends la responsabilité – à une évolution endémique comparable, de plus de 1 million d'années durant, de l'homme de Java, peut-être contemporain de *Stegodon trigonocephalus praecursor* à la période Ci Saat, sûrement compagnon de *Stegodon trigonocephalus trigonocephalus*

aux périodes dites de Trinil (900 000 ans) et de Kedung Brubus (700 000 ans), puis aux côtés de *Stegodon trigonocephalus ngandongensis* à la période de Ngandong.

L'homme de Java reproduit, d'une certaine manière, au bout sud-est de l'Eurasie, ce que l'homme de Neandertal était en train de réaliser au bout ouest du même continent, en l'occurrence en Europe. J'ai donc l'impression de voir, aux deux bouts de l'Eurasie, deux exceptions dans la continuité du peuplement du monde, deux dérives génétiques par isolement, celle de l'homme de Neandertal et celle de l'homme de Java.

4. Pour des raisons d'établissement de ponts continentaux ou, en tout cas, d'émersion de relais entre Java et l'Asie continentale par suite d'abaissement du niveau marin et de mobilisation d'eau par les glaciers, c'est-à-dire de rupture de l'isolement de Java, il y a quelques dizaines de milliers d'années, apparaissent dans la faune insulaire les premiers orangs, les premiers gibbons et les premiers *Homo sapiens* ; c'est la période de Punung ; et puis orangs et gibbons disparaissent parce que la forêt se dégrade, mais *Homo sapiens* demeure, et c'est la période de Wadjak.

En d'autres termes, *Homo sapiens* est arrivé il y a 40 000 à 50 000 ans en Europe et, après quelques millénaires de coexistence avec l'homme de Neandertal, a fini par y constituer le peuplement unique de cette péninsule. *Homo sapiens* est arrivé à peu près en même temps en Indonésie, en tout cas à Java et, après une coexistence probable aussi longue avec l'homme de Java, a fini aussi par y constituer le seul peuplement de l'île.

Cet *Homo sapiens*, vieux d'un demi-million d'années ailleurs, et peut-être de 50 000 ans en Europe et à Java, s'appelle l'homme de Cro-Magnon en Europe, l'homme de Wadjak à Java. Mais c'est évidemment spécifiquement le même. L'homme de Wadjak que l'on rencontre maintenant à Hong Kong et au Vietnam est le Cro-Magnon de l'Extrême-Orient.

5. Enfin, j'attends avec impatience les dernières conclusions sur les datations des premiers outillages de Flores, impliquant une navigation possible des *Homo erectus* il y a au moins 500 000 ans, ce qui changerait sans doute un peu les potentialités de leurs peuplements. [...]

Le Brésil

Continent double, étiré d'un pôle à l'autre, l'Amérique offre l'histoire fascinante d'un peuplement « alternatif » ; les premiers primates, qui y sont nés il y a 70 millions d'années, à une époque il est vrai où Amérique du Nord et Europe ne formaient qu'un seul et même continent, se sont d'abord déplacés d'ouest en est pour se déployer vers l'Asie avant d'atteindre l'Afrique ; mais c'est d'Afrique, il y a 40 millions d'années, que les premiers primates supérieurs vont d'est en ouest, se rendre en Amérique du Sud, à une époque il est vrai où l'océan Atlantique était moins large qu'aujourd'hui ; nés il y a 3 millions d'années en Afrique tropicale, c'est, une autre fois, d'ouest en est, que les hommes, il y a seulement 40 000 ans (peut-être) vont découvrir l'Amérique du Nord et amorcer le premier peuplement de tout le continent, à une époque, il est vrai, où les glaciers rendaient le passage par le Béring émergé facile ; et c'est d'est en ouest enfin, que d'autres hommes, il y a un demi-millénaire (peut-être), vont redécouvrir l'Amérique et en commencer le second peuplement qui désormais se fera de tous les côtés.

Mais l'histoire du premier peuplement humain remplissant les 20 000 kilomètres linéaires de continent, du nord au sud, n'est sans doute pas aussi simple ; l'Amérique a certes quelque bonne chance de demeurer notre nouveau monde, mais sait-on vraiment quand et par où sont arrivés ses premiers visiteurs, sait-on si ceux du Nord sont les mêmes que ceux du Sud, sait-on combien de vagues de peuplement sont parvenues sur ces terres entre les premières d'entre elles et les bateaux d'Erik le Rouge ou ceux de Christophe Colomb ? Rien, en effet, autant sur le plan paléoanthropologique que sur le plan géographique, ne s'oppose à ce que des incursions humaines vieilles de plusieurs centaines, ou, à plus forte raison, de plusieurs dizaines de milliers d'années, aient eu lieu de manière délibérée, par le nord-ouest, chaque fois que l'Alaska s'est trouvé reliée à la Sibérie, ou de manière accidentelle, avant 50 000 ans, ou de manière choisie, après, par un océan ou par l'autre, chaque fois qu'un radeau naturel ou un bateau construit a transporté quelques hommes pris au piège de quelque courant marin. Les réponses sont évidemment sur le terrain : l'anthropologie déclare pour le moment que tous les restes humains recueillis sont homogènes, de type *sapiens sapiens* et même plus précisément protomongoloïde, ce qui donne à la fois une ancienneté limitée et une province unique d'origine. La préhistoire a une réaction plus compliquée : elle avance d'abord parfois de très hautes dates qui font penser à *Homo erectus* plus qu'à *Homo sapiens*, elle parle de toute façon d'une succession de peuplements et, devant l'antiquité, semble-t-il, plus grande des sites sud-américains, elle commence à se poser des questions sur la pluralité possible de ces populations et de leur provenance.

Une des grandes provinces où est activement conduite cette fantastique enquête, sous l'impulsion d'un chercheur d'une exceptionnelle énergie, est le Piaui dans le Nordeste du Brésil. Le chercheur, ou plutôt la « chercheuse », d'origine franco-brésilienne, qui la dirige, se nomme Niède Guidon. Et les travaux qui sont présentés ici, qu'ils concernent les problèmes fondamentaux des plus anciens peuplements ou des études de peuplements moins anciens, de leurs cultures et de leurs milieux, ont tous été réalisés au sein de l'équipe qu'elle anime depuis plus de vingt ans et qui a pris le nom de Fondation pour un musée de l'origine de l'homme américain.

Convaincu de la complexité du problème, mais convaincu aussi de la qualité des recherches dont les exposés vont suivre et attentif par suite, non sans esprit critique, à leurs résultats – j'ai un faible pour cet âge de 40 000 à 50 000 ans parce qu'il date partout un épisode climatique et le déploiement des *Homo sapiens sapiens* à pied en Europe (Cro-Magnon) et en bateau en Australie –, j'ai été enchanté [...] d'avoir été pressenti par Niède Guidon [...] pour préfacer un bilan aussi important et aussi « provocateur ».

Sources

« Préface » *in* Jean-Paul Raynal, Fatima-Zohra Sbihi-Alaoui, Abdeljalil El Hajraoui (dir.), *Maroc, terre d'origines*, Centre de documentation et de recherche archéologique départemental, L'Archéo-Logis, Goudet, p. 5-6, 1999.

« Préface » *in* Jean-Louis Schneider, *Le Tchad depuis 25 000 ans. Géologie-archéologie-hydrogéologie*, Masson, coll. « Préhistoire », p. 5-6, 1994.

« Préface » *in* Nathalie Molines, Marie-Hélène Moncel et Jean-Laurent Monnier, « Les premiers peuplements en Europe.

Données récentes sur les modalités de peuplement et sur le cadre chronostratigraphique, géologique et paléogéographique des industries du paléolithique ancien et moyen en Europe », Colloque international, Rennes, 2003, *British Archaeological Reports (BAR)*, International series 1364, Oxford, p. VII, 2005.

« Préface » *in* Josep Gibert (dir.), *Presencia humana en el pleistoceno inferior de Granada y Murcia*, Ayuntamiento de Orce (Granada), p. 5-9, 1992.

In « Il y a 35 000 ans les premiers habitants de la France », dossier, *Historia*, n° 680, p. 55, août 2003.

« Préface » *in* Frédéric Boyer (dir.), *Mémoires millénaires. Guide des sites préhistoriques, Provence-Alpes-Côte d'Azur*, éditeur Mémoires millénaires, Nice, 2 p., 2006.

« Préface » *in Chroniques des années de pierre... Art préhistorique, sciences et techniques modernes*, Césura Lyon Édition, p. 9, 1990.

« Préface » *in* Jacques Pernaud et Jean-Claude Assalit, *Chroniques de la préhistoire. Il était une fois au bord de la Méditerranée*, CRDP du Languedoc-Roussillon, CDDP des Pyrénées-Orientales, p. 3-4, 2004.

« Préface » *in* Francis Annet et Daniel L'Homond, *Périgord noir*, Sarlat, Artifact, p. 5-7, 1993.

« Préface » *in* André Débénath, *Néandertaliens et Cro-Magnons. Les temps glaciaires dans le bassin de la Charente*, Le Croît vif, p. 9-10, 2006.

« Préface » *in* Roger Joussaume et Jean-Pierre Pautreau, *La Préhistoire du Poitou. Poitou, Vendée, Aunis. Des origines à la conquête romaine*, Rennes, Éditions Ouest-France, p. 9-11, 1990.

« Préface » *in* Jean-Claude Marquet, *La Préhistoire en Touraine*, Tours, Presses universitaires François-Rabelais, 2de édition revue et augmentée, p. 11-12, 2011.

« Préface » *in* Guy Verron, *Préhistoire de la Normandie*, Rennes, Éditions Ouest-France, p. 7-8, 2000.

« Préface » *in De la préhistoire. Découvertes récentes et anciennes du paléolithique au néolithique dans la région de Louviers*, Musée de Louviers, p. 4-5, 1998.

PRÉ-TEXTES

« Préface » *in* Alain Patrolin, *Traces, strates. Archéologie en Champagne-Ardenne*, Castor et Pollux, Fédération des sociétés archéologiques de Champagne-Ardenne, p. 5-7, 2000.

« Préface » *in* Philippe Marinval et Marie-Christine Marinval-Vigne, *Au fil du temps en Beauce. Archéologie du canton d'Outarville, Loiret*, Éditions Patrimoine insolite, p. 3-4, 2003.

« Préface » *in* Djillali Hadjouis, *Les Populations médiévales du Val-de-Marne. Dysharmonies cranio-faciales, maladies bucco-dentaires et anomalies du développement dentaire au cours du Moyen Âge*, coll. « Paléoanthropologie et paléopathologie osseuse », Éditions Artcom', p. 5-6, 1999[1].

« Préface » *in* Nicole Boucher, *Signy-l'Abbaye, origine et évolution du bourg sur son cadastre*, Association des amis de l'abbaye de Signy, p. 7-8, 2005.

« Introduction » *in* François Sémah, Christophe Falguères, Dominique Grimaud-Hervé et Anne-Marie Sémah, *Origine des peuplements et chronologie des cultures paléolithiques dans le Sud-Est asiatique*, colloque international de la fondation Singer-Polignac, juin 1998, éd. Artcom' et Semenanjung, p. 35-37, 2002[1].

« Préhistoire du Piaui, Brésil », *Archeologia*, n° 295, p. 48-49, novembre 1993.

1. La collection « Paléoanthropologie et paléopathologie osseuse » était dirigée par Djillali Hadjouis ; les Éditions Artcom' par Frédéric Serre.

Fermeture

L'HOMME POSTHISTORIQUE : MÉMOIRES D'OUTRE-TERRE

Enthousiaste de nature, je suis sincèrement attristé lorsque des gens que souvent j'admire expriment des limites à une idée, à un projet, à un rêve. Et c'est précisément parce que j'ai grande estime pour ces personnes que je regrette de ne pas les entendre m'accompagner au bout de l'idée, du projet ou du rêve. « Pourquoi aller loin alors que la France est si belle ! », « Pourquoi aller sur la Lune, alors qu'on a tant à faire sur la Terre ! », « D'ailleurs, nous sommes sur cette Terre, assignés à résidence ! » Imaginez ce que représenterait aujourd'hui le territoire des hommes si le premier curieux du paysage d'à côté avait déclaré à ses proches : « J'ai failli m'aventurer au-delà de la savane mais j'ai été raisonnable. » Soyons toujours raisonnés, bien sûr, mais surtout jamais raisonnables ! Alors comprenez mon émotion lorsque, déjà heureux et honoré d'avoir été sollicité par Patrick Baudry pour préfacer cet ouvrage, je lis sous sa plume : « Oui [l'espèce humaine] fait partie de l'Univers. Oui, elle a vocation à l'explorer et le conquérir.

Oui, la Terre [...] n'est qu'une base spatiale biologique [...]. » Je suis prêt, tout prêt à le suivre au-delà de ma savane, de ma planète, de ma galaxie.

Oui, le genre humain fait en effet partie de l'Univers et son histoire est bien extravagante, puisque c'est celle d'une matière qui n'a cessé, depuis 15 milliards d'années, de se compliquer et de s'organiser ; d'inerte, une partie de cette matière est devenue vivante il y a 4 milliards d'années sur la Terre ; de vivante, une partie est devenue pensante il y a 3 millions d'années et, de pensante, une partie pourrait bien devenir, d'ici quelques années, « surpensante ». Au cœur de milliards d'années de nature, c'est donc un drôle de petit mammifère, l'homme, qui a acquis la conscience et inventé la culture et toutes ses caractéristiques nouvelles, intellectuelles et spirituelles, éthiques et esthétiques. L'homme est ainsi le réceptacle de l'état le plus compliqué et le mieux organisé de la matière que l'on connaisse, un état paradoxal qui allie liberté et responsabilité et qui, en se développant, a restreint d'autant en lui la part de l'instinct ; dans la mesure où il trouvera dans l'avenir les parades aux agressions terrestres ou cosmiques qui le menacent, l'homme apprendra ainsi, peu à peu, à mieux connaître, mieux comprendre et maîtriser son corps, sa planète, son Univers.

Né comme toute espèce animale ou végétale dans une province biogéographique bien circonscrite, en l'occurrence l'Afrique orientale, il y a comme on l'a vu 3 millions d'années, l'homme, désormais conscient et équipé d'un outillage qui, même sommaire, prolonge son corps et en accroît les capacités, passe très vite les limites de son berceau. Dès 2,5 millions d'années, le voici en Eurasie, déployé sur l'ensemble de ce que l'on appelle l'ancien monde, jusqu'aux latitudes fréquentables pour un primate audacieux, mais tout de même encore un peu frileux. La pratique de la navigation il y a 700 000 ou 800 000 ans peut-être, l'acquisition de la maîtrise du feu il y a 500 000 ans vont lui permettre d'aller plus loin, en Australie en radeau à partir de l'Indonésie, en Amérique à pied à partir de la Sibérie et de finir ainsi, il y a 50 000 à 100 000 ans, l'exploration de la planète. C'est la même curiosité qui, un beau jour, a fait voler l'homme, dans l'atmosphère d'abord, puis au-delà.

Cette bougeotte n'est évidemment jamais gratuite ; elle est toujours facteur de progrès. On pourrait d'ailleurs qualifier ce progrès, qui n'a, à aucun moment, cessé de s'accroître, en mesurant la longueur du projet dont il est issu. Le premier tailleur de pierres, il y a 3 millions d'années et dont on a déjà évoqué la mémoire, se façonnait un outil pour un usage quasi immédiat, dans l'heure ou les heures qui suivaient sa taille ; on peut imaginer que celui qui, il y a 500 000 ans, peaufinait un biface, espérait pouvoir s'en servir pendant quelques semaines ou quelques mois ; le peintre qui, il y a 40 000 ans, ajoutait du sang de bison aux pigments minéraux ou végétaux pour fixer ses couleurs, devait le faire en espérant que son œuvre résisterait au temps quelques générations. Quant aux scientifiques contemporains, lorsqu'ils annoncent l'extinction du Soleil dans 5 milliards d'années, ils annoncent en même temps le début d'une recherche destinée à tirer à terme l'humanité de ce mauvais pas : remplacement du Soleil, déplacement de l'humanité ou déplacement de la Terre elle-même pour la placer en orbite autour d'une étoile à l'espérance de vie plus longue.

Saluons donc, comme l'auteur, la mémoire de Gagarine qui a su montrer à l'humanité, par son projet réussi, une route nouvelle ouvrant sur une immensité de chemins et un gigantesque espoir ; saluons, à travers lui, l'homme qui a le premier passé le fossé du Rift africain, celui qui, le premier, a eu l'idée d'affréter un radeau, le premier homme qui s'est jeté dans le ciel, celui qui a défié les océans, les glaces, les forêts, les déserts, les montagnes, et saluons Patrick Baudry qui est l'un de ceux-là ; saluons son courage, son endurance et sa détermination, sa connaissance, sa compétence et son érudition, et remercions-le de nous avoir donné et de continuer à nous offrir de grandes et élégantes leçons.

Source

« Préface » *in* Patrick Baudry, *Le Rêve spatial inachevé. De Youri Gagarine au voyageur universel*, Paris, Tallandier, 2001.

Table

Préface 11

Ouverture. L'HOMME PRÉHISTORIQUE : RÉALITÉ, MYTHE, MODE 17

Sources 24

1. L'HOMME PRÉHISTORIQUE, SES DISCIPLINES 25

La paléobiologie 30

La paléontologie 32

La paléoanthropologie et la préhistoire 34

L'histoire naturelle et l'histoire culturelle de l'homme ... 35

La préhistoire 39

La paléoanthropologie 49

Entre le terrain et la dissection 51

La morphologie 55

La paléo-odontologie 63

La paléopathologie 64

L'histoire de la paléopathologie 67

Sources 70

2. L'HOMME PRÉHISTORIQUE, SON ENTRÉE EN SCÈNE 73

L'épopée du monde 79
Tout autour de l'Univers 81
Pour un curieux, Claude Faure 85
Pour un poète, Geneviève Laporte de Pierrebourg 87
Le chaînon qui ne risque pas de manquer 91
Le chaînon qui ne risque décidément pas de manquer .. 98
Tout au long de la vie 102
Les petits et les grands singes 107
Les singes d'avant les préhumains 109
Avant et après le grand embranchement 112
Préhumains et humains 119
Notre lignée 124
Les préhumains 128
Et Lucy est arrivée... 130
Et Lucy aima 133
Lucy, l'emblème 143
Les préhumains d'Afrique australe 146
L'émergence de l'humanité et son parcours 150
Les premiers hommes 152
Les hommes seconds 156
Au temps de l'homme premier 157
Au temps de l'homme second 162
Au temps de Neandertal 166
Neandertal, le mal aimé 169
Tous les Neandertal 171
Au temps du troisième homme 174
L'épopée de l'homme moderne 177
Les petits *sapiens* 179
Sources 181

TABLE

3. L'HOMME PRÉHISTORIQUE, SON CORPS ... 185

Le sexe des sujets de thèse ... 192
Le crâne ... 197
Le cou ... 199
L'articulation de la mâchoire ... 201
Les dents dedans ... 204
Le membre supérieur ... 206
Le coude ... 207
La main ... 209
Le doigt ... 213
Le bassin ... 216
Le genou ... 218
Le pied ... 219
L'équilibre ... 220
Les locomotions ... 222
Les portraits-robots ... 224
La syphilis ... 225
La tuberculose ... 227
La peste ... 228
Sources ... 230

4. L'HOMME PRÉHISTORIQUE, SON ESPRIT ... 233

La culture ... 239
La matière pensante ... 242
L'homme et la mort ... 245
La première sépulture ... 249
Rupestres et écritures ... 253
L'art premier ... 257
Tous les arts rupestres du monde ... 260

L'art préhistorique en Europe 264
La grande école de peinture franco-cantabrique 267
La figuration rupestre masculine 286
La figuration féminine en ronde-bosse 288
Lascaux 292
La gravure protohistorique 296
Les rupestres yéménites 298
Les gravures gabonaises 300
La première architecture monumentale 302
La poterie 305
Les petits pots de sel 309
Au-delà de l'écriture 311
Sources 314

5. L'HOMME PRÉHISTORIQUE, SES PEUPLEMENTS 317

Le Maroc 323
Le Tchad 326
Le peuplement de l'Europe 329
L'Espagne 333
La France 336
À propos du peuplement de la région Alpes-Côte d'Azur 339
L'Ardèche et le Gard... 341
Tautavel 344
Le Périgord 346
La Charente 350
Le Poitou, la Vendée, l'Aunis 352
La Touraine 357
La Normandie 360
Sur la route de Louviers 362
La Champagne-Ardenne 364

Un petit arpent de Beauce 368
Un petit moment du Val-de-Marne 372
L'empreinte d'un grand monument de Thiérache 373
L'Asie 376
Le Brésil 379
Sources 382

Fermeture. L'HOMME POSTHISTORIQUE :
MÉMOIRES D'OUTRE-TERRE 385
Source 391

DU MÊME AUTEUR
CHEZ ODILE JACOB

Pré-ambules, 1998.
Le Genou de Lucy, 1999.
L'Histoire de l'homme. 22 ans d'amphi au Collège de France, 2008.
Yves Coppens raconte l'homme, 2008.
Le Présent du passé, 2009.
Yves Coppens raconte nos ancêtres. L'Histoire des singes, 2009.
Le Présent du passé au carré, 2010.
Yves Coppens raconte nos ancêtres. La Vie des premiers hommes, 2010.

CET OUVRAGE A ÉTÉ TRANSCODÉ
ET MIS EN PAGES CHEZ NORD COMPO (VILLENEUVE-D'ASCQ)
ET ACHEVÉ D'IMPRIMER SUR ROTO-PAGE
PAR L'IMPRIMERIE FLOCH À MAYENNE
EN MAI 2011

N° d'impression : 79740
N° d'édition : 7381-2645-X
Dépôt légal : juin 2011
Imprimé en France